新一代信息技术前沿系列丛书
（通信卷/雷达卷/电磁卷/光电集成卷）

典型雷达目标微多普勒效应

分析与分类识别技术

◇夏伟杰 朱凌智 李毅 李海林 张小飞 郭栋财 著

电子工业出版社
Publishing House of Electronics Industry
北京·BEIJING

内 容 简 介

本书针对人体目标、车辆目标和直升机目标，开展了典型雷达目标微多普勒信号模型构建与微动参数估计研究，定义并提取了具有高区分度的微多普勒特征，探索了基于微多普勒效应的典型人车目标、人体步态识别方法，介绍了微多普勒效应在人体呼吸心率监测和车内活体检测等方面的应用，内容循序渐进，详细讲述了不同目标的微多普勒信号数学解析表达式推导过程和微多普勒调制机理，具体分析了如何基于微多普勒效应实现目标识别与呼吸心率监测。

本书内容贴合实际，适合在校相关专业的硕士、博士研究生参考及学习，也可以作为相关工程技术人员的指导用书。

图书在版编目（CIP）数据

典型雷达目标微多普勒效应分析与分类识别技术 ／
夏伟杰等著. -- 北京 ：电子工业出版社，2025. 1.
（新一代信息技术前沿系列丛书）. -- ISBN 978-7-121
-49139-9

Ⅰ．TN951

中国国家版本馆 CIP 数据核字第 2024AK2063 号

责任编辑：张　楠
特约编辑：夏平飞
印　　刷：北京联兴盛业印刷股份有限公司
装　　订：北京联兴盛业印刷股份有限公司
出版发行：电子工业出版社
　　　　　北京市海淀区万寿路 173 信箱　邮编：100036
开　　本：720×1 000　1/16　印张：15.75　字数：352.8 千字
版　　次：2025 年 1 月第 1 版
印　　次：2025 年 1 月第 1 次印刷
定　　价：98.00 元

凡所购买电子工业出版社图书有缺损问题，请向购买书店调换。若书店售缺，请与本社发行部联系，联系及邮购电话：（010）88254888，88258888。
质量投诉请发邮件至 zlts@phei.com.cn，盗版侵权举报请发邮件至 dbqq@phei.com.cn。
本书咨询联系方式：（010）88254579。

丛书编委会

丛书主编：

王金龙　何　友　崔铁军　祝宁华

丛书编委（按照姓氏拼音排序）：

艾小锋	陈建平	陈　瑾	陈　勇	陈志伟	崔　丽	崔巍巍
崔亚奇	丁　锐	段　敏	兑红炎	高永胜	龚玉萍	郭栋财
郭福成	黄永篆	康博超	李海林	李建峰	李　婕	李　曦
李　毅	林丰涵	林　强	林　涛	林志鹏	刘建国	柳永祥
吕　伟	马福和	沙　威	施端阳	史芳静	唐　蠢	唐　涛
王　鼎	王瑞琼	文方青	吴　边	吴癸周	吴启晖	吴　伟
吴雨航	武俊杰	夏伟杰	徐大专	闫连山	晏行伟	杨　宾
杨跃德	尹洁昕	袁　璐	袁　帅	悦亚星	翟　会	张二峰
张建照	张　莉	张　敏	张小飞	周　博	周福辉	朱凌智
朱秋明	朱义君					

前　言

　　雷达作为 20 世纪电子领域的一项重大发明，在民用上是用于洪水监测、资源清查和汽车自动驾驶的主要传感器，在军事上是获取陆、海、空、天战场全天候、全天时战略和战术情报的重要手段。传统雷达目标识别技术比较简单。现代雷达所具有的强大探测能力可使接收到的回波信号包含丰富的目标信息，推动着雷达目标识别技术朝着精确化和智能化的方向发展。自然界中的许多物体在运动时，除了平动，还有振动、摆动、旋转等微运动，并在多普勒频率周围产生调制，这种现象就是微多普勒效应。作为目标的独特特征，微多普勒效应可以作为目标识别和区分真假目标的依据。相比基于光学成像和合成孔径成像的传统目标识别方法，基于微多普勒特征的目标识别方法具有计算量小、识别速度快等特点，具有广阔的应用前景，不仅可以应用于交通巡查、智能家居、健康监测等民用领域，还可以应用于侦察定位、伪装甄别、精确打击等军事领域。作为具有发展潜力的技术之一，基于微多普勒特征的目标识别技术尚处于探索阶段，还有大量的理论和技术问题需要深入研究，亟待拓展雷达微动目标探测场景、明确典型雷达目标微动耦合机理、探索典型雷达目标微动参数精确估计方法和智能化识别手段。

　　本书体现南京航空航天大学近年来在雷达目标微多普勒效应领域取得的一些研究成果，着重介绍了团队在基于微多普勒效应的典型地空目标识别、呼吸心率监测、车内活体检测等方面的最新研究成果。内容涵盖在不同场景下的典型地空目标回波信号模型、不同目标的微多普勒耦合特性、具有高区分度的微多普勒特征快速提取、典型地空目标智能分类、人体步态精确识别、呼吸心率自适应监测、汽车后排活体检测等。本书内容既包含相对抽象的数学解析模型，也包含详细的理论分析和数值计算仿真，以及具体的外场试验与工程实现，对从事雷达目标微多普勒效应研究的硕士、博士研究生及工程技术人员均具有一定的参考价值，既可以为典型雷达目标微多普勒信号模型构建、微多普勒特征提取与识别、人体呼吸心率监测、车内活体检测等领域的研究人员提供理论和分析借鉴，也可以作为雷达微多普勒效应领域研究人员的技术参考书籍。

全书共6章：第1章介绍了雷达目标识别和雷达目标微多普勒效应研究现状；第2章针对人体、车辆和直升机目标，开展了典型雷达目标回波信号模型构建与微多普勒特性分析研究；第3章介绍了空对地场景下的无人机载雷达对典型地面人车目标识别方法、地对地场景下基于微多普勒效应的不同地面物种分类手段、地对空场景下的直升机目标微动参数精确估计方法；第4章针对人体目标，开展了基于微多普勒效应的人体动作分类与身份识别研究，介绍了单人单一步态模式、单人多种步态模式和多人并行场景下的人体步态识别方法；第5章介绍了基于微多普勒效应的人体呼吸心率监测手段，包括心脏活动感知技术和算法验证结果；第6章介绍了基于微多普勒效应的车内活体检测方法，包括后排活体检测算法与数据分析、工程系统实现与测试等内容。

本书第1章由夏伟杰、朱凌智执笔，第2章由朱凌智执笔，第3章由朱凌智、郭栋财执笔，第4章由夏伟杰、李毅执笔，第5章由李毅、郭栋财执笔，第6章由夏伟杰、郭栋财执笔。特别感谢博士研究生屈操和硕士研究生黄琳琳、董诗琦、黄壮、曹晨等为本书作出的贡献。

特别感谢电子信息工程学院、雷达成像与微波光子技术教育部重点实验室对本书的资助。

本书是作者及其研究团队在雷达微多普勒效应领域理论探索和应用实践成果的总结，对揭示典型雷达目标的微多普勒调制机理、探索基于微多普勒效应的雷达目标识别应用、开展不同目标的微多普勒检测与识别试验均具有参考价值。由于雷达目标微多普勒效应是当前雷达领域的研究热点，各种新模型、新理论、新方法不断涌现，加之作者水平有限，书中难免存在疏漏之处，敬请读者批评指正。

作　者

2024年4月于南京

目 录

第 1 章

绪论

1.1　引言

雷达作为 20 世纪电子领域的一项重大发明，不仅探测距离远，而且受气象、光照等影响小。在第二次世界大战期间，作为无线电探测技术的重要载体，雷达被广泛应用，并在战后得到了长远发展。现代雷达主要有连续波多普勒体制、脉冲体制和连续波调频体制等多种信号体制，在功能上能够进行测距、测速、测角、跟踪、成像等，被广泛应用于军事和民用领域。在军事上，雷达按照装载的平台分为地基雷达、机载雷达、舰载雷达和星载雷达，波长涵盖米波、微波和毫米波等多个波段，是获取陆、海、空、天战场全天候、全天时战略和战术情报的重要手段。在民用上，机载和星载雷达是当今用于洪水监测、资源清查等遥感场景的主要传感器，车载雷达的发展，保障了车辆安全驾驶，推动了自动驾驶技术的发展。作为雷达的主要功能应用，传统雷达目标识别技术受制于雷达功能，手段比较简单，现代雷达具有的强大探测能力使接收到的回波信号包含丰富的目标信息，推动雷达目标识别技术朝着基于机器学习和模式识别理论的精确化和智能化方向发展。

传统目标识别技术主要基于目标回波特性、光学图像或高分辨率雷达成像对目标进行分类识别。2000 年，美国海军实验室的 V. C. Chen 教授在雷达领域引入了微多普勒的概念。物体的主体在运动时，其他组成部件也会产生微动。这种微动会在目标回波信号中产生除多普勒调制以外的其他调制。这就是目标的微多普勒效应。在自然界中，许多物体在结构上都具有微运动部件，例如直升机的旋翼、舰船上旋转的天线、轮式车辆上旋转的车轮、履带式车辆上转动的履带、人在行走时摆动的四肢、人在呼吸时伸缩的心脏和胸腔、鸟类在飞行时振动的双翼等。作为目标的独特特征，目标微多普勒效应可以提供更多关于雷达目标的信息，为雷达目标检测、真假目标识别和目标分类提供新的手段，受到了国内外学者的关注。

作为最具发展潜力的技术之一，基于微多普勒特征的目标识别技术尚处于探索阶段，还有大量的理论和技术问题需要深入研究。基于上述背景，本书将重点研究典型地空雷达目标的微多普勒效应，旨在明确不同目标的微多普勒调制机理，提取具有高区分度的微多普勒特征，实现对不同目标的精确识别。此外，针对人体目标，本书基于微多普勒效应还实现了人体步态识别、呼吸心跳测量和车内活体检测等。本书可为基于微多普勒效应的典型地空目标分类识别、人体姿态识别、人体生命监测等提供关键理论依据，具有重要的科学意义和显著的工程应用价值。

1.2 雷达目标识别研究现状

雷达目标识别开始于 20 世纪 50 年代，主要是首先通过从雷达目标回波中提取能表征目标属性的幅值、相位、频率、极化等特征，然后与已知的目标特性进行比较，从而识别目标。如图 1.1 所示，雷达目标识别主要分为回波获取、特征提取和分类判决等几个部分，整个过程又分为训练和测试两个阶段：训练阶段主要是通过一定数量的样本对分类器进行设计与训练；测试阶段是利用前面设计的分类器进行目标分类。

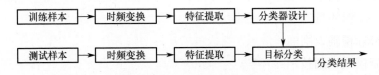

图 1.1　雷达目标识别基本流程

早期的雷达目标识别主要通过研究雷达目标的有效散射截面积，对于形状、性质各不相同的各类目标，单单一个雷达有效散射截面积无法对其进行准确区分。随着雷达技术的快速发展，在现代信号处理技术的条件下，许多新的雷达目标特征被发现并使用，主要包括以下几类。

1. 目标回波起伏和调制谱特性

对于低分辨率雷达而言，雷达目标可以等效为一个散射点，在目标运动过程中，目标回波的幅度和相位随着目标的姿态调整而变化。分析雷达目标回波的幅度信息和相位信息，可以判断目标的形状与运动情况。此外，直升机的旋翼、螺旋桨飞机的桨叶等雷达目标部件会对回波信号产生周期性的调制，不同的目标具有不同的调制特性，通过分析雷达目标的调制谱特性可以有效识别目标。文献[1]详细分析了喷气式飞机发动机的调制现象，构建了回波信号模型，为基于调制现象实现目标识别提供了理论依据。

2．目标极点分布与极化特征

目标极点指的是目标的自然谐振。作为目标的固有属性，目标极点的分布取决于目标形状，与雷达工作方式无关。文献[2]首次从一组瞬态响应时域数据中提取目标极点，并与数据库中的目标极点进行匹配，实现目标识别。除了直接求目标极点，文献[3]还通过目标频域响应与目标极点一一对应，完成识别过程。作为电磁波的重要表征，极化描述了电磁波的向量特征。与极点类似，极化与目标的尺寸、形状、结构等有着密切联系，测量不同目标对各种极化波的变极化响应，组成特征空间，就可以对目标进行识别。

3．图像特征

高分辨率雷达通过对目标进行一维距离成像或二维成像，或采用（逆）合成孔径雷达成像，可以获得目标的结构信息。由于获取一维距离成像比较简单，因此最早被广泛重视和研究。20 世纪 90 年代，文献[4]基于一维距离成像实现了对坦克、车辆、飞机和舰船等目标的精确识别。由于一维距离成像容易被目标散射点之间的干涉干扰，影响识别率，因此二维成像方法被提出。对于基于二维雷达图像的目标识别，可使用图像识别技术。获取高质量的目标二维图像是实现目标精确识别的关键。

随着模式识别技术的发展，用于雷达目标识别的分类器逐渐由传统的基于邻域法、相关匹配法、多维相关匹配法、Bayes 优化决策规则、最大似然函数等分类决策方法，转变为基于支持向量机等机器学习方法。与传统的线性分类器相比，支持向量机通过改变核函数来实现线性分类和非线性分类，当核函数是线性核时，支持向量机通过一个超平面将正负样本分开；当核函数为高斯核等非线性核时，支持向量机通过核函数将非线性问题映射为线性问题，利用少数样本组成的向量来实现目标分类。近年来，神经网络模式识别方法不断发展。人工神经网络和生物神经系统之间具有内在联系，能够在特定领域，模拟人脑加工、存储和搜索信息来解决特定问题。文献[5]提出的具有自学能力的 BP 神经网络在进行目标识别处理过程中完全不需要提取任何参数。从理论上讲，BP

神经网络能够形成任意复杂的决策边界，所具有的良好推广能力对目标姿态的变化具有较好的鲁棒性。

1.3　雷达目标微多普勒效应研究现状

由于微多普勒效应的概念最早引自相干激光雷达系统，其微米级的发射波长对目标微小运动产生的相位变化非常敏感，因此相干激光雷达系统很容易观察到目标的微多普勒效应。在自然界中，许多物体都具有平动、章动、旋转等微运动，除了由目标主体平动产生的多普勒频率，这类微运动还会在多普勒频率周围产生额外的多普勒调制。这种现象就是微多普勒效应，相应的频率被称为微多普勒频率。美国海军实验室的 V. C. Chen 教授最早将微多普勒效应引入雷达目标研究领域，并系统地研究了目标在旋转、振动和翻滚状态下的微多普勒特征，详细分析了高分辨率时频方法在微多普勒效应分析中的应用，为雷达目标微多普勒特征的研究提供了新思路。国内外学者在利用微多普勒效应进行雷达目标识别方面进行了大量的研究，英国伦敦大学的 Francesco Fioranelli 团队、思克莱德大学的 Carmine Clemente 团队，国内空军工程大学的张群和罗迎团队、西安电子科技大学的刘宏伟团队、国防科技大学的邓彬团队、南京理工大学的张淑宁团队、北京邮电大学的何元团队针对雷达目标的微多普勒效应发表了大量的研究成果，在微多普勒信号提取与参数估计、基于微多普勒特征的雷达目标分类识别、基于微多普勒效应的人体步态识别、人体呼吸心率监测与活体监测等方面取得了重大突破。

1.3.1　微多普勒信号分析及参数估计

雷达目标的回波信号往往是一个复合多源微多普勒调制信号，为实现目标精确分类识别，需要对回波信号进行运动补偿，分离微多普勒信号和干扰信号，准确提取并估计微动参数。其中，Hough 变换是估计旋转、振动等典型微动参数的重要方法。

对于地面目标，文献[6]针对货车类目标车轮旋转产生的微多普勒调制，通过旋转点的微动参数构造对应的字典库，提出了一种基于动态字典的微动参数估计方法。仿真实验表明，该算法可以准确提取货车轮毂的微动参数，验证了算法的稳健性和高效性。文献[7]针对坦克炮塔这种特有结构的微多普勒特征，分析了不同型号微多普勒调制，仿真了目标微多普勒谱的完整时频分布，估计了如图 1.2 所示的球形炮塔和多边形炮塔的炮塔参数，为识别坦克目标的型号提供了依据。文献[8]建立了如图 1.3 所示的只有诱导轮和主动轮且结构对称的第一类履带式车辆和具有承重轮的第二类履带式车辆的回波信号模型，分析了微运动差异，通过时频分析对微多普勒信号进行处理，为车辆的识别提供了依据。文献[9]针对人体运动识别，首先分析了如图 1.4 所示的人体在行走和跑步状态下的三维散射模型，接着通过多项式拟合、估计函数实现人体步态参数估计，最后研制了人体微动雷达测量系统，进行实验数据采集，验证了估计方法的有效性。

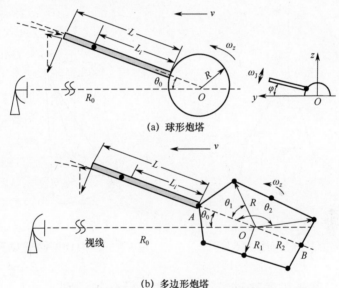

(a) 球形炮塔

(b) 多边形炮塔

图 1.2　文献[7]中两种形状的炮塔示意图

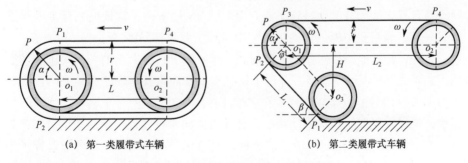

(a) 第一类履带式车辆　　　　　(b) 第二类履带式车辆

图 1.3　文献[8]中两类履带式车辆模型

对于空中目标，文献[10]研究了直升机目标回波组成，仿真并对比了不同叶片数目和不同入射角对旋翼微多普勒效应的影响，为后续估计直升机叶片数量、转速和半径提供了思路。文献[11]分析了弹道导弹产生的如图 1.5 所示的章动微多普勒特性，利用仿真数据，基于时频变换和 Hough 变换，精确估计了章动参数，实现了对弹道导弹的探测。

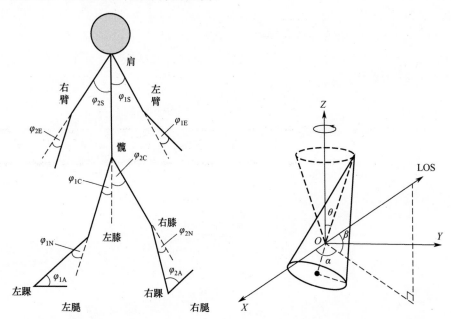

图 1.4 文献[9]中地面行人示意图   图 1.5 文献[11]中导弹章动示意图

1.3.2 基于微多普勒特征的雷达目标分类识别

除了分析地空目标的微多普勒信号，提取相关微动参数，国内外学者对不同地空目标之间的分类也进行了深入研究。如图 1.6 所示，地面目标主要包括轮式车辆、履带式车辆、行人等，空中目标主要包括导弹、飞机、鸟类等。

首先，针对地面目标分类识别问题，西安电子科技大学的李彦兵建立了如图 1.7 所示的车辆运动模型，分析了轮式车辆和履带式车辆的微动调制，推导了微多普勒信号的数学表达式，在文献[12]中，分析了两种车辆目标回波的特征谱，定义并提取了相关微动特征，通过支持向量机实现了地面车辆分类；其次，在文献[13]中，通过多级小波分解，对目标平动分量和微动分量进行了分离，利用分解结果进行了特征提取，通过基于实测数据的实验结果，证明了该方法具有较好的分类性能；最后，为了对车辆目标的多普勒频谱进行更加精细化的划分，有效利用各频段的微动信号，文献[14]采用经验模态分解有效分离了各微动分量，为分解后的信号分量赋予了实际的物理意义，最终实现了地面车辆的分层识别。

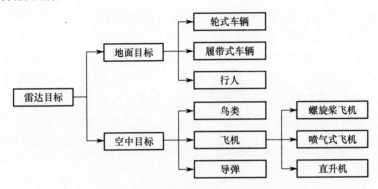

图 1.6　地空雷达目标识别分层结构图

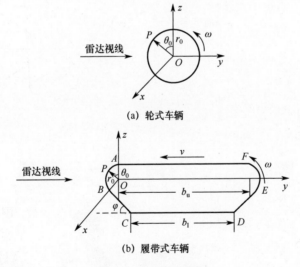

(a) 轮式车辆

(b) 履带式车辆

图 1.7　车辆运动模型

英国伦敦大学的 Francesco Fioranelli 使用如图 1.8 所示的多基地雷达对地面行人状态进行分析识别。文献[15]利用奇异分解，分别在行人携带武器和不携带武器时，对三个不同位置的雷达接收的行人回波信号进行分析，提取行人在两种状态下，三个雷达回波信号的奇异向量特征，实现了精度高达 97%的行人分类。在文献[16]中，Francesco Fioranelli 利用与文献[15]中同样的多基地雷达，对不同行人的雷达回波进行奇异分解，基于奇异值提取了具有高区分度的微多普勒特征，实现不同行人的精确识别。与 Francesco Fioranelli 研究目的相似的是，南京航空航天大学的曹佩蓓，在文献[17]中，通过将不同行人在不同状态下的回波数据送入神经网络，实现了一种可以对不同行人准确识别的雷达 ID。西安电子工程研究所的罗定利在文献[18]中，根据每个人在行走时摆动周期的差异，提取了描述行人多普勒频谱差异的三个典型微多普勒特征，实现了短驻留条件下单人和多人的有效鉴别。西安电子科技大学的杜兰在前者的基础上，在文献[19]中，通过对如图 1.9 所示的三种地面目标多普勒信号时频图进行分析，在去噪并通过 CLEAN 算法抑制地杂波的基础上，提取了描述人车差异的微多普勒特征，基于支持向量机实现了地面人车分类。

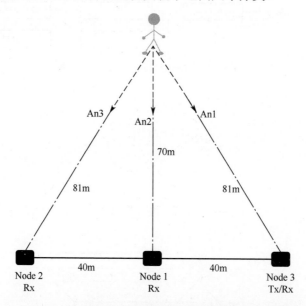

图 1.8　多基地雷达对地面行人状态分析识别示意图

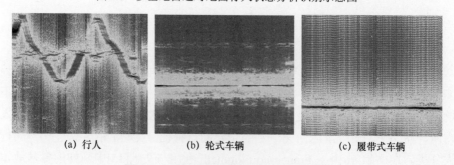

(a) 行人　　　　　　(b) 轮式车辆　　　　　　(c) 履带式车辆

图 1.9　三种地面目标多普勒信号时频图

对于空中目标分类问题，国内外学者也取得了丰富的研究成果。文献[20]对如图1.10所示的螺旋桨式飞机、喷气式飞机、直升机等三种典型飞机目标，从理论上分析了三种飞机旋转部件的雷达回波模型，比较了三种飞机目标回波中微多普勒调制的差异，基于经验模态分解（Empirical Mode Decomposition，EMD），提取了EMD分解得到的不同本征模函数的波形熵、能量比和二阶中心矩特征，送入支持向量机，实现了较好的分类性能。文献[21]针对具有不同旋翼数的无人机，分析了旋转微多普勒特性，基于实测数据，实现了双旋翼无人机、四旋翼无人机和六旋翼无人机的精确识别。文献[22]对比了无人机和鸟类飞行时的微多普勒差异，利用9.5GHz的连续波雷达实现了正确率高达95%的飞机、直升机、四旋翼无人机和鸟类等的分类识别。文献[23]研究了导弹在飞行过程中独有的自旋和章动两种微动形式，通过短时傅里叶变换（Short-Time Fourier Transform，STFT）将导弹多普勒信号变换为时频图，从时频图中提取了相应的微多普勒特征，实现了导弹的准确探测识别。

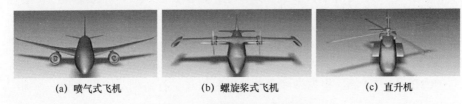

(a) 喷气式飞机   (b) 螺旋桨式飞机   (c) 直升机

图1.10 三种典型飞机目标模型

1.3.3 基于微多普勒效应的人体步态识别

雷达作为传感器在基于微多普勒效应的活动分类和身份识别方面被广泛使用，大量的雷达研究工作致力于识别人类执行的多种动作，也就是通常所说的活动分类。在这种情况下，往往会建立一组不同的活动种类作为基准，从训练数据中提取与某类活动相应的微动特征，建立一个可以识别这些动作的模型，具体流程如图1.11所示。研究中所考虑的动作包括一些人类的日常活动，例如步行、跑步和静坐，也有一些暗示暴力行为的活动，例如拿着棍子情境下的拳击和步行。这样的例子有很多，包括检测一些暴力行为以及检测跌倒行为等场景。Kim首先使用支持向量机（Support Vector Machine，SVM）将雷达微多普勒特征应用于活动分类。从微多普勒信号中手动选取的特征在七种活动分类中实现了90%以上的识别率。Lang Y[24]等人使用基于微多普勒频谱的CNN进行人类活动的分类，选择七种常见的活动（走、跳、跑、拳击、站立、匍匐和爬行）进行分类，分类结果平均达到了 98.34%的识别率。

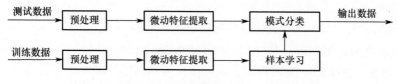

图 1.11　基于雷达微多普勒的活动分类识别流程

微动特征提取的技术主要分为手动提取步态相关特征和利用神经网络两大类。随着神经网络和深度学习技术的发展，越来越多的研究依托于此：一方面，经过训练大量数据所得的分类或识别结果往往好于先手动提取特征再进行分类；另一方面，这种方式在需要大量训练数据的同时，还存在结果不可分析的问题（研究人员并不能通过分类结果推断什么特征在分类中起较大或决定性的作用）。Y. Yang 等人[25]提出了一种基于生成对抗网络（Generative Adversarial Networks，GAN）方案的开放式识别网络，在识别过程中，训练集和测试集包含不同类型的数据，可以将实际生活中奇怪的活动类型分类为未知，同时可利用 GAN 生成大量的假目标进行训练和测试。Jinhee 等人[26]使用迁移学习的思想对人类在水中的各种活动进行分类，首先采用在 ImageNet 数据集上预训练过的 CNN 权重，然后根据微多普勒数据对权重进行微调。结果表明，预训练的 CNN 的性能要比从头训练的 CNN 效果更好。

关于活动分类的研究大多数都致力于区分不同运动类别，很少有人研究运动类别内的分类问题，即辨别同一运动类别之间更细微的差异。有关身份识别的研究则不同，研究者大多致力于区分在同一运动类别下不同用户的身份，最常见的就是正常步行的应用场景。在以往的研究中，南京航空航天大学的 P. B CAO 等人[17]提出了一种基于深度卷积神经网络（Deep Convolutional Neural Network，DCNN）和雷达微多普勒特征的单人识别方法，可以识别非接触、远程和无照明状态下的目标，小样本情况下的识别率可以达到 90%以上。空军工程大学的袁延鑫等人[27]针对敏感场所内的人体目标身份认证问题，同样提出了一种基于 CNN 和微动特征的身份认证方法。Vandersmissen B 等人[28]利用低功率线性调频连续波（Frequency Modulated Continuous Wave，FMCW）雷达收集微多普勒特征并进行人体识别，在收集数据时，允许目标以自由自主的方式行走，识别率可以达到80%左右。北京航空航天大学的孙忠胜等人进行了基于广义 S 变换的多人微多普勒特征分析[29]，可以识别行走的人数为 1、2、3。Trommel 等人[30]

通过将 DCNN 应用于微多普勒频谱图来区分存在单个或多个或不存在人类步态之间的区别。

目前，关于步态身份识别的研究基本以单人场景为主，由于在现实生活中，多人场景更为常见，因此研究基于雷达微多普勒的多人步态识别是十分必要的。近年来，黄学军等人[31]利用距离信息区分不同距离的不同目标，并同时实现了在多人情境下的身份识别。当不同的步态混合到相同的距离门中时，将变得无法区分。但在现实生活中，多人并排行走的情况也是很常见的，这将导致在相同距离时无法区分不同目标。

1.3.4 基于微多普勒效应的呼吸心率监测与车内活体监测

近年来，随着车内安全越来越被重视，毫米波雷达凭借其检测鲁棒性高、不侵犯隐私等优势被国内外主机厂纳入舱内驾驶员监测系统（Driver Monitor System，DMS）和乘员监测系统（Occupancy Monitor System，OMS）。车载生物雷达主要有驾驶员生命体征监测和乘员活体检测两个应用场景。在 DMS 中，毫米波雷达安装在前排驾驶舱或座椅中，如图 1.12 所示，对驾驶员生命体征、疲劳状态等进行实时监测，出现异常时及时报警，降低因驾驶员突发疾病造成的事故发生概率；在 OMS 中，毫米波雷达安装在后排车顶或 B 柱等位置，对车内儿童或宠物等活体遗留进行检测，避免因驾驶员大意造成的车内活体死亡事故。

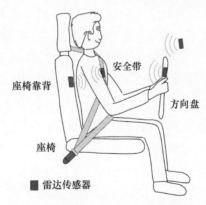

安全带

座椅靠背

方向盘

座椅

■ 雷达传感器

图 1.12　车内前排生物雷达安装位置示意图

车载生物雷达的研究基本上是基于上述室内场景的研究进行的，由于车舱内环境与室内存在差异，且车规级应用对生物雷达的鲁棒性、稳定性和安全性的要求更高，因此对车载生物雷达技术的研究提出了挑战。近年来，国内外研究人员对车载生物雷达技术提出了一系列解决方案。Vinci 等人于 2015 年提出使用 FMCW 雷达传感器监测驾驶时的生命体征[32]，将 24GHz 毫米波雷达分别安装在方向盘和座椅靠背上，对驾驶员的胸部和背部进行体征监测。Lee 等人于 2016 年提出了一种类似的方法[33]，使用一个 24GHz 毫米波雷达安装在驾驶员座椅靠背上进行生命体征监测。Izumi 等人提出了使用一种 24GHz 雷达传感器对汽车座椅上的志愿者胸部信号进行监测，并将雷达集成在安全带的位置上[34]。最近，Schires 等人使用了安装在汽车座椅靠背上的新型雷达传感器对驾驶员的呼吸频率和心率进行监测[35]，证实了方案的可行性。Hyun 等人提出了一种基于连续波雷达和多普勒频谱的乘客监测方案[36]，提出了一个与由呼吸引起的胸腔运动多普勒频率相关的新特征，并使用二叉决策树对此特征进行机器学习，证明了有较高的识别率。M. Alizadeh 等人使用了一种低成本、低功耗的 FMCW 雷达传感器进行车载乘员检测，提出了一种基于 Capon 滤波的联合距离方位估计算法[37]，提取特征来训练机器学习分类，达到了较高的识别率和较低的计算复杂度。

1.4 现有研究总结

从现有研究成果来看，对于地面车辆、行人、直升机、螺旋桨式飞机、喷气式飞机、鸟类、导弹等的微多普勒特性研究较多，通过现代时频信号处理技术能够实现相关参数的准确提取，借助支持向量机等机器学习技术可以实现不同类型目标的精确分类。在人体步态识别、呼吸监测、活体检测方面取得了显著成果，在当前研究的基础上，作者认为以下问题有待进一步研究：

- 雷达目标研究种类不足、研究场景有限。现有研究虽主要针对行人、地面车辆、直升机等地空目标提出了一系列目标分类算法，但在空对地情形下，对轮式车辆、履带式车辆、行人等三种典型地面目标进行分类的研究还较少，识别率较低，未实现在短驻留条件下对直升机参数的精确估计。

- 为实现目标分类提取的微多普勒特征不具有自适应性。在利用不同方法对不同目标进行分类时，提取的微多普勒特征需要自主定义，寻找一种可以避免定义微多普勒特征且具有自适应性的目标分类方法值得深入研究。

- 长时间范围内的单人步态识别和多人并行场景步态识别有待实现。目前，步态身份识别的研究基本以单人场景为主，在现实生活中，多人场景更为常见。人们的服饰也会随着时间发生较大的改变，尤其是当时间跨度较长时，提取相对稳定的特征是实现稳定识别的关键。
- 人体呼吸心跳信号难以分离。由于行人运动及人体结构的复杂性，人体各部位的回波信号相互交叠，难以分离，呼吸心跳对胸腔运动的调制作用，更是增加了通过分离算法挖掘生理信号微小特征的难度。
- 基于微多普勒效应的活体检测精度有限、车内活体检测系统有待集成。现有研究中的活体检测精度有待提高，亟待整合室内及车内场景毫米波雷达人员生命体征检测方法，将车内后排杂波抑制方法及舱内遗留活体检测方法进行系统实现。

参 考 文 献

[1] BELL M R, GRUBBS R A. JEM modeling and measurement for radar target identification[J]. IEEE Transactions on Aerospace and Electronic Systems, 1993, 29(1): 73-87.

[2] VAN BLARICUM M, MITTRA R. A technique for extracting the poles and residues of a system directly from its transient response[J]. IEEE Transactions on Antennas and Propagation, 1975, 23(6): 777-781.

[3] CHUANG C W, MOFFATT D L. Natural Resonances of Radar Targets Via Prony's Method and Target Discrimination[J]. IEEE Transactions on Aerospace and Electronic Systems, 1976, 12(5): 583-589.

[4] HUDSON S, PSALTIS D. Correlation filters for aircraft identification from radar range profiles[J]. IEEE Transactions on Aerospace & Electronic Systems, 2002, 29(3): 741-748.

[5] MA L, WANG B, YAN S. Temperature Error Correction Based on BP Neural Network in Meteorological Wireless Sensor Network[J]. International Journal of Sensor Networks, 2016, 23(4): 117-132.

[6] 李开明，张群，雷磊. 基于动态字典的卡车目标微动参数估计方法[J]. 电子学报，2016（11）：2618-2624.

[7] 黄健，李欣，黄晓涛. 基于微多普勒特征的坦克目标参数估计与身份识别[J]. 电子与信息学报，2010，32（5）：1050-1055.

[8] 骆宇峰. SAR 轮式/履带式车辆微多普勒建模和特征分析[D]. 杭州：杭州电子科技大学，2013.

[9] 张翼. 人体微动雷达特征研究[D]. 长沙：国防科学技术大学，2009.

[10] 陈鹏，郝士琦，胡以华. 双旋翼直升机旋翼的微多普勒特性分析[J]. 火力与指挥控制，2015，2：9-12.

[11] LIU A, LIU G, LI B. Parameters estimation of precession cone target based on micro-Doppler spectrum[J]. Wireless Networks, 2018, 25: 3759-3765.

[12] 李彦兵，杜兰，刘宏伟. 基于信号特征谱的地面运动目标分类[J]. 电波科学学报，2011，26（4）：641-648.

[13] 李彦兵，杜兰，刘宏伟. 基于微多普勒效应和多级小波分解的轮式履带式车辆分类研究[J]. 电子与信息学报，2013，35（4）：894-900.

[14] LI Y, DU L, LIU H. Hierarchical Classification of Moving Vehicles Based on Empirical Mode Decomposition of Micro-Doppler Signatures[J]. IEEE Transactions on Geoence and Remote Sensing, 2013, 51(5): 3001-3013.

[15] FIORANELLI F, RITCHIE M, GRIFFITHS H. Classification of Unarmed/ Armed Personnel Using the NetRAD Multistatic Radar for Micro-Doppler and Singular Value Decomposition Features[J]. IEEE Geoscience and remote sensing Letters, 2015, 12(9): 1933-1937.

[16] FIORANELLI F, RITCHIE M, GRIFFITHS H. Personnel recognition based on multistatic micro-Doppler and singular value decomposition features[J]. Electronics Letters, 2015, 51(25): 2143-2145.

[17] PEIBEI C, WEIJIE X, MING Y. Radar-ID: human identification based on radar micro-Doppler signatures using deep convolutional neural networks[J]. IET Radar, Sonar and Navigation, 2018, 12(7): 729-734.

[18] 罗丁利，王勇，杨磊. 基于微多普勒特征的单人与小分队分类技术[J]. 电讯技术，2016，56(9): 969-975.

[19] DU L, LI L, WANG B. Micro-Doppler Feature Extraction Based on Time-Frequency Spectrogram for Ground Moving Targets Classification with Low-Resolution Radar[J]. IEEE Sensors Journal, 2016, 16(10): 3756-3763.

[20] 王宝帅，杜兰，刘宏伟. 基于经验模态分解的空中飞机目标分类[J]. 电子与信息学报，2012, 34(9): 2116-2121.

[21] RANNEY K I, DOERRY A, TAHMOUSH D. Detection of small UAV helicopters using micro-Doppler[C]//Conference on Radar Sensor Technology XVIII. Beijing: ISOP, 2014:156-162.

[22] MOLCHANOV P, EGIAZARIAN K, ASTOLA J. Classification of small UAVs and birds by micro-Doppler signatures[J]. International Journal of Microwave and Wireless Technologies, 2013, 6(3): 172-175.

[23] LIU L, MCLERNON D, GHOGHO M. Ballistic missile detection via micro-Doppler frequency estimation from radar return[J]. Digital Signal Processing, 2012, 22(1): 87-95.

[24] LANG Y , HOU C , YANG Y , et al. Convolutional neural network for human micro-Doppler classification[C]//IEEE 2017 47th European Microwave Conference. Nuremberg: IEEE, 2017: 197-202.

[25] YANG Y , HOU C, LANG Y , et al. Open-set human activity recognition based on

micro-Doppler signatures[J]. Pattern Recognition, 2019, 85:60-69.

[26] JINHEE P，RIOS J，TAESUP M，et al. Micro-Doppler Based Classification of Human Aquatic Activities via Transfer Learning of Convolutional Neural Networks[J]. Sensors, 2016, 16(12):1990.

[27] 袁延鑫, 孙莉, 张群. 基于卷积神经网络和微动特征的人体步态识别技术[J]. 信号处理, 2018, 34(5):602-609.

[28] VANDERSMISSEN B，KNUDDE N，JALALVAND A，et al. Indoor Person Identification Using a Low-Power FMCW Radar[J]. IEEE Transactions on Geoscience and Remote Sensing, 2018, 56(7): 3941-3952.

[29] SUN Z S, WANG J, ZHANG Y T, et al. Multiple walking human recognition based on radar micro-Doppler signatures[J]. ence China Information ences, 2015, 58(12):122302.

[30] TROMMEL R P, HARMANNY R, CIFOLA L, et al. Multi-target human gait classification using deep convolutional neural networks on micro-doppler spectrograms[C]//2016 European Radar Conference. London: IEEE, 2017: 81-84.

[31] HUANG X，DING J，LIANG D，et al. Multi-Person Recognition Using Separated Micro-Doppler Signatures[J]. IEEE Sensors Journal, 2020, (99):1-1.

[32] VINCI G, LENHARD T, WILL C, et al. Microwave Interferometer Radar-Based Vital Sign Detection for Driver Monitoring Systems[C]//In Proceedings of the 2015 IEEE MTT-S International Conference on Microwaves for Intelligent Mobility. Heidelberg: IEEE, 2015: 27-29.

[33] LEE K J, PARK C, LEE B. Tracking driver's heart rate by continuous-wave Doppler radar[C]//Engineering in Medicine and Biology Society. Orlando: IEEE, 2016: 5417-5420.

[34] MATSUNAGA D，IZUMI S，KAWAGUCHI H. Non-contact Instantaneous Heart Rate Monitoring Using Microwave Doppler Sensor and Time-Frequency Domain Analysis[C]// 2016 IEEE 16th International Conference on Bioinformatics and Bioengineering. Taichung: IEEE, 2016: 172-175.

[35] SCHIRES E, GEORGIOU P, LANDE T S. Vital Sign Monitoring Through the Back Using an UWB Impulse Radar With Body Coupled Antennas[J]. IEEE Transactions on Biomedical Circuits and Systems, 2018, 12(2): 292-302.

[36] HYUN E, JIN Y S, PARK J H, et al. Machine Learning-Based Human Recognition Scheme Using a Doppler Radar Sensor for In-Vehicle Applications[J]. Sensors, 2020, 20(21):6202.

[37] ALIZADEH M, ABEDI H, SHAKER G. Low-cost low-power in-vehicle occupant detection with mm-wave FMCW radar[J]. Sensors, 2019, 10:1-4.

第 2 章
典型雷达目标微多普勒信号建模

2.1 引言

    自然界中的绝大多数物体在运动时，除了主体平动，还有一些微运动，如飞机旋翼的旋转、人体四肢的摆动、车辆车轮的转动等。这些微运动会在目标多普勒频率附近产生一些额外的频率调制。这就是微多普勒效应。作为目标独一无二的特征，微多普勒效应为识别动目标提供了一个崭新的视角，构建了不同目标的微多普勒信号模型，是明确不同目标的微多普勒调制机理、提取具有高区分度的微多普勒特征、实现微多普勒目标精确识别的关键。本章分别选取地面人体目标、地面车辆目标和空中直升机目标，开展典型雷达目标的微多普勒信号建模研究与微多普勒耦合机理分析。其中，地面人体目标分析包括由人体肢体摆动产生的微多普勒信号建模和人体呼吸产生的微多普勒信号建模。

    本章主要内容安排如下：2.2 节针对地面人体目标，开展微多普勒信号建模，其中，2.2.1 节以人体原地踏步为例，以空对地场景为例，对人体四肢进行雷达回波建模，2.2.2 节针对人体呼吸时的胸部运动开展分析；2.3 节针对地面车辆目标，以空对地场景为例，分别建立轮式车辆和履带式车辆的机载雷达回波信号数学解析模型，明确不同类型车辆之间的微多普勒耦合特性；2.4 节针对空中直升机目标开展直升机微多普勒回波信号建模与微多普勒特性分析；2.5 节为本章小结。

2.2 人体目标微多普勒信号建模

2.2.1 人体运动时的四肢微动建模

    图 2.1 是人体运动模型。图中，$O_i(i=1,2,\cdots,10)$ 为人体各肢体的前向关节。

其中，O_1、O_3 为肩关节，O_2、O_4 为肘关节，O_5、O_8 为髋关节，O_6、O_9 为膝关节，O_7、O_{10} 为踝关节。人体各关节自由度被定义为肩关节 φ_S、肘关节 φ_E、髋关节 φ_C、膝关节 φ_N、踝关节 φ_A。人在行走时，主要的微动形式是四肢的摆动，下面将以空对地场景为例，分别从人体上肢、下肢、躯干等三个角度分析微多普勒调制。

1. 人体上肢

图 2.2 为人体上肢运动模型。图中，O_1 为人的肩关节，$O_1 O_2$ 为大臂，长为 H_{UA}，$O_2 O_3$ 为小臂，长为 H_{LA}。O_1 点运动平面为 $x = x_0$，沿与 y 轴平行的轨迹前进，设速度为 v_r，初始时刻位于 y_0 处，O_1 点的方位角和俯仰角分别为 α 和 β。无人机机载雷达位于坐标系原点 O 处，O 点高为 H，O_1 点高为 H_0。无人机运动速度为 v，无人机机载雷达与 O_1 点的初始距离为 R_{O_1}。无人机在悬停或飞行过程中，在旋翼和气流的影响下，机身上下随机振动的振幅为 A_m。雷达发射信号 $s(t) = \exp(\mathrm{j} 2\pi f_c t)$，其中 f_c 为载频。

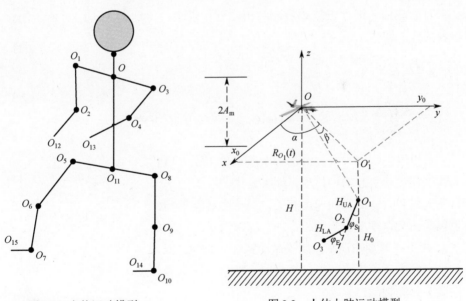

图 2.1　人体运动模型　　　　　　　图 2.2　人体上肢运动模型

首先考虑大臂的雷达回波信号，在 $O_1 O_2$ 上存在一个强散射点 M，距 O_1 的距离为 h，经过时间 t 后，$\varphi_S(t) = \varphi_{S\max} \sin(\omega_{O_1} t)$，$\omega_{O_1}$ 为大臂摆动的角频率，由于 $R_{O_1} \gg v_r t + v t$，近似认为 α 和 β 保持不变，点 M 与雷达的距离为

$$R_\mathrm{h}(t) = R_{O_1} - h\sin[\varphi_\mathrm{S}(t)]\sin\alpha\cos\beta - h\cos[\varphi_\mathrm{S}(t)]\sin\beta - (v_\mathrm{r} + v)t\sin\alpha\cos\beta -$$
$$\xi(t)A_\mathrm{m}\sin\beta$$
$$\approx R_{O_1} - h\sin\alpha\sin[\varphi_{S\max}\sin(\omega_{O_1}t) + \beta] - (v_\mathrm{r} + v)t\sin\alpha\cos\beta - \xi(t)A_\mathrm{m}\sin\beta$$

（2.1）

假设在大臂上分布了 $K_{O_1O_2}$ 个 M 这样的强散射点，则大臂的雷达回波为这些强散射点回波的叠加，即

$$
\begin{cases}
s_\mathrm{UA}(t) = \displaystyle\sum_{i=1}^{K_{O_1O_2}} \rho_{\mathrm{h}_i} \exp\left\{ \mathrm{j}2\pi f_\mathrm{c}\left[t - \dfrac{2R_{\mathrm{h}_i}(t)}{c} \right] \right\} \\
R_{\mathrm{h}_i} = \{ R_{O_1} - h_i\sin\alpha\sin[\varphi_{S\max}\sin(\omega_{O_1}t) + \beta] - (v_\mathrm{r} + v)t\sin\alpha\cos\beta - \xi(t)A_\mathrm{m}\sin\beta \}
\end{cases}
$$

（2.2）

式中，ρ_{h_i} 为大臂上第 i 个强散射点的散射系数；h_i 为大臂上第 i 个强散射点距 O_1 的距离。

对回波信号进行去载频后，对相位进行求导，得到如式（2.3）所示的频率表达式，即

$$
\begin{cases}
f_{\mathrm{D}_1} = \dfrac{2f_\mathrm{c}}{c}(v + v_\mathrm{r})\sin\alpha\cos\beta \\
f_{\mathrm{mDs}_1} = \displaystyle\sum_{i=1}^{K_{O_1O_2}} \dfrac{2f_\mathrm{c}}{c}h_i\varphi_{S\max}\omega_{O_1}\sin\alpha\cos[\varphi_{S\max}\sin(\omega_{O_1}t) + \beta]\cos(\omega_{O_1}t)
\end{cases}
$$

（2.3）

可以发现，在大臂回波信号中既包含由无人机和人体平移运动引起的相位项，频率为式（2.3）的 f_{D_1}，与无人机和人体的径向速度有关，属于多普勒调制，也包含由大臂摆动引起的相位项，频率为式（2.3）的 f_{mDs_1}，受摆臂规律调制，属于微动特征。此外，无人机机身的上下随机小幅振动也会对回波信号产生额外的微多普勒调制。

接下来考虑小臂雷达回波，如图 2.3 所示。小臂上一强散射点 N 到 O_2 的距离为 l，经过时间 t 后，记 NO_1 的长度为

$$R_1(t) = \sqrt{H_\mathrm{UA}^2 + l^2 + 2H_\mathrm{UA}l\cos\varphi_\mathrm{E}(t)}$$ （2.4）

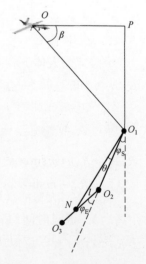

图 2.3　人体小臂运动模型

式中，$\varphi_E(t) = \varphi_{E\max} \sin(\omega_{O_2} t)$，$\omega_{O_2}$ 为小臂摆动角频率。

强散射点 N 与机载雷达的距离为

$$R_1(t) \approx R_{O_1} - R_1(t)\sin\alpha\sin[\theta(t) + \varphi_S(t) + \beta] - (v_r + v)t\sin\alpha\cos\beta - \xi(t)A_m\sin\beta$$

$$= R_{O_1} - \sqrt{H_{UA}^2 + l^2 + 2H_{UA}l\cos[\varphi_{E\max}\sin(\omega_{O_2}t)]}\sin\alpha\sin[\theta(t) + \varphi_S(t) + \beta] -$$

$$(v_r + v)t\sin\alpha\cos\beta - \xi(t)A_m\sin\beta$$

$$(2.5)$$

式中，$\theta(t) = \arccos\dfrac{H_{UA}^2 + [R_1(t)]^2 - l^2}{2H_{UA}R_1(t)}$。

假设在小臂上分布了 $K_{O_2O_3}$ 个 N 这样的强散射点，则小臂的雷达回波为这些强散射点回波的叠加，即

$$\begin{cases} s_{LA}(t) = \displaystyle\sum_{i=1}^{K_{O_2O_3}} \rho_{1_i} \exp\left\{ j2\pi f_c\left[t - \dfrac{2R_{1_i}(t)}{c} \right] \right\} \\[3mm] R_{1_i} = R_{O_1} - \sqrt{H_{UA}^2 + l_i^2 + 2H_{UA}l_i\cos[\varphi_{E\max}\sin(\omega_{O_2}t)]}\sin\alpha\cos[\theta(t) + \varphi_S(t) - \beta] - \\[3mm] \qquad (v_r + v)t\sin\alpha\cos\beta - \xi(t)A_m\sin\beta \end{cases}$$

$$(2.6)$$

可以发现，小臂的雷达回波与大臂的雷达回波具有相似的形式和物理意义。整个上肢的雷达回波由大臂和小臂的雷达回波叠加而成，即

$$s_A(t) = s_{UA}(t) + s_{LA}(t) \qquad (2.7)$$

2. 人体下肢

图 2.4 为人体下肢运动模型。O_5 为人的髋关节；O_5O_6 为大腿，长为 H_{UL}；O_6O_7 为小腿，长为 H_{LL}；O_7O_{15} 为脚，长为 H_F。

首先考虑大腿的回波，在 O_5O_6 上一强散射点 R 距 O_5 的距离为 m，经过时间 t 后，$\varphi_C(t) = \varphi_{C\max}\sin(w_{O_5}t)$，$w_{O_5}$ 为大腿摆动的角频率，R 与雷达的距离为

$$R_m(t) \approx R_{O_5} - m\sin\alpha\sin[\varphi_C(t) + \beta] - (v_r + v)t\sin\alpha\cos\beta - \xi(t)A_m\sin\beta$$

$$= R_{O_5} - m\sin\alpha\sin[\varphi_{C\max}\sin(\omega_{O_5}t) + \beta] - (v_r + v)t\sin\alpha\cos\beta - \xi(t)A_m\sin\beta$$

$$(2.8)$$

假设在大腿上分布了 $K_{O_5O_6}$ 个 R 这样的强散射点，则大腿的雷达回波为这

些强散射点回波的叠加，即

$$
\begin{cases}
s_{\mathrm{UL}}(t) = \displaystyle\sum_{i=1}^{K_{O_5 O_6}} \rho_{\mathrm{m}_i} \exp\left\{ \mathrm{j}2\pi f_{\mathrm{c}} \left[t - \dfrac{2R_{\mathrm{m}_i}(t)}{c} \right] \right\} \\[2mm]
R_{\mathrm{m}_i}(t) = R_{O_5} - m_i \sin\alpha \sin\left[\varphi_{\mathrm{Cmax}} \sin(\omega_{O_5} t) + \beta \right] - (v_{\mathrm{r}} + v)t\sin\alpha\cos\beta - \xi(t)A_{\mathrm{m}}\sin\beta
\end{cases}
$$

$$（2.9）$$

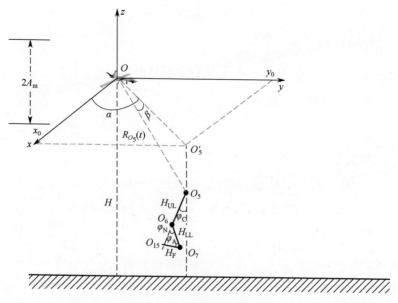

图 2.4 人体下肢运动模型

接下来考虑小腿的雷达回波，如图 2.5 所示，小腿上任意一强散射点 S 到 O_6 的距离为 n，经过时间 t 后，记 SO_5 的长度为

$$
R_{\mathrm{n}}(t) = \sqrt{H_{\mathrm{UL}}^2 + n^2 + 2H_{\mathrm{UL}} n \cos\varphi_{\mathrm{N}}(t)} \tag{2.10}
$$

式中，$\varphi_{\mathrm{N}}(t) = \varphi_{\mathrm{Nmax}} \sin(\omega_{O_6} t)$，$\omega_{O_6}$ 为小腿摆动的角频率，S 与雷达的距离为

$$
\begin{aligned}
R_{\mathrm{ns}}(t) &\approx R_{O_5} - R_{\mathrm{n}}(t)\sin\alpha\sin\left[\varphi_{\mathrm{C}}(t) - \gamma(t) + \beta\right] - vt\sin\alpha\cos\beta \\
&= R_{O_5} - \sqrt{H_{\mathrm{UL}}^2 + n^2 + 2H_{\mathrm{UL}} n \cos[\varphi_{\mathrm{Nmax}} \sin(\omega_{O_6} t)]}\sin\alpha\sin\left[\varphi_{\mathrm{C}}(t) - \gamma(t) + \beta\right] - \\
&\quad (v_{\mathrm{r}} + v)t\sin\alpha\cos\beta - \xi(t)A_{\mathrm{m}}\sin\beta
\end{aligned}
$$

$$（2.11）$$

式中，$\gamma(t) = \arccos \dfrac{H_{UL}^2 + [R_n(t)]^2 - n^2}{2H_{UL} R_n(t)}$。

假设在小腿上分布了 $K_{O_6 O_7}$ 个 S 这样的强散射点，则小腿的雷达回波为这些强散射点回波的叠加，即

$$\begin{cases} s_{LL}(t) = \displaystyle\sum_{i=1}^{K_{O_6 O_7}} \rho_{n_i} \exp\left\{ j2\pi f_c \left[t - \dfrac{2R_{n_i}(t)}{c} \right] \right\} \\[4mm] R_{n_i}(t) = R_{O_5} - \sqrt{H_{UL}^2 + n_i^2 + 2H_{UL} n_i \cos[\varphi_{Nmax} \sin(\omega_{O_6} t)]} \sin\alpha \sin[\varphi_C(t) - \gamma(t) + \beta] - \\[2mm] \qquad\qquad (v_r + v)t \sin\alpha \cos\beta - \xi(t) A_m \sin\beta \end{cases}$$

$$(2.12)$$

接下来考虑脚掌的雷达回波，如图 2.6 所示，小腿上任意一强散射点 Q 到 O_7 的距离为 q，经过时间 t 后，记 QO_5 的长度为

$$R_q(t) = \sqrt{q^2 + O_5 O_7^2 - 2q O_5 O_7 \cos[\varphi_A(t) + \varphi_N(t) - \varphi]} \qquad (2.13)$$

式中，$O_5 O_7(t) = \sqrt{H_{UL}^2 + H_{LL}^2 + 2H_{UL} H_{LL} \cos\varphi_N(t)}$；$\varphi = \arccos \dfrac{H_{UL}^2 + O_5 O_7^2 - H_{LL}^2}{2H_{UL} O_5 O_7}$；$\varphi_A(t) = \varphi_{Amax} \sin(\omega_{O_7} t)$，$\omega_{O_7}$ 为脚掌摆动的角频率。

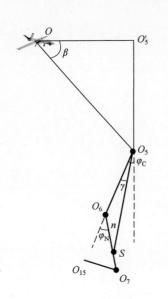

图 2.5　人体小腿运动模型

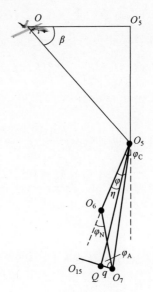

图 2.6　人体脚掌运动模型

Q 与雷达的距离为

$$R_{q_Q}(t) \approx R_{O_5} - R_q(t)\sin\alpha\sin[\varphi_C(t) - \eta(t) + \beta] - vt\sin\alpha\cos\beta$$

$$= R_{O_5} - \sqrt{q^2 + O_5O_7{}^2 - 2qO_5O_7\cos[\varphi_{Amax}\sin(\omega_{O_7}t) + \varphi_N(t) - \varphi]} \cdot \qquad (2.14)$$

$$\sin\alpha\sin[\varphi_C(t) - \eta(t) + \beta] - (v_r + v)t\sin\alpha\cos\beta - \xi(t)A_m\sin\beta$$

式中，$\eta(t) = \varphi - \arccos\dfrac{R_q^2 + O_5O_7{}^2 - q^2}{2R_qO_5O_7}$。

假设在脚掌上分布了 $K_{O_7O_{15}}$ 个 Q 这样的强散射点，则脚掌的雷达回波为这些强散射点回波的叠加，即

$$\begin{cases} s_F(t) = \displaystyle\sum_{i=1}^{K_{O_7O_{15}}} \rho_{q_i} \exp\left\{ \mathrm{j}2\pi f_c\left[t - \dfrac{2R_{q_i}(t)}{c} \right] \right\} \\[4mm] R_{q_i}(t) = R_{O_5} - \sqrt{q^2 + O_5O_7{}^2 - 2qO_5O_7\cos[\varphi_{Amax}\sin(\omega_{O_7}t) + \varphi_N(t) - \phi]} \cdot \\[2mm] \quad \sin\alpha\sin[\varphi_C(t) - \eta(t) + \beta] - (v_r + v)t\sin\alpha\cos\beta - \xi(t)A_m\sin\beta \end{cases} \qquad (2.15)$$

整个下肢的雷达回波由大腿、小腿和脚掌的雷达回波叠加而成，即

$$s_L(t) = s_{UL}(t) + s_{LL}(t) + s_F(t) \qquad (2.16)$$

3. 人体躯干

人体躯干和头简化为一强散射点，等效强散射点到雷达的距离为

$$R_T(t) \approx R_{O_1} + 0.5H_T\sin\beta - (v_r + v)t\sin\alpha\cos\beta - \xi(t)A_m\sin\beta \qquad (2.17)$$

躯干雷达回波为

$$s_T(t) = \exp\left\{ \mathrm{j}2\pi f_c\left[t - 2\dfrac{R_T(t)}{c} \right] \right\}$$

$$= \exp\left\{ \mathrm{j}2\pi f_c\left[t - 2\dfrac{R_{O_1} + 0.5H_T\sin\beta - (v_r + v)t\sin\alpha\cos\beta - \xi(t)A_m\sin\beta}{c} \right] \right\}$$

$$(2.18)$$

4. 人体回波仿真

人体回波信号为

$$s_r = a_{iUA}s_{iUA} + a_{iLA}s_{iLA} + a_Ts_T + a_{iUL}s_{iUL} + a_{iLL}s_{iLL} + a_{iF}s_{iF} \qquad (2.19)$$

式中，$i=1,2$ 代表人体的左肢和右肢；$a_{i\mathrm{UA}}$, $a_{i\mathrm{LA}}$, a_{T}, $a_{i\mathrm{UL}}$, $a_{i\mathrm{LL}}$, $a_{i\mathrm{F}}$ 代表行人的肢体各部分比重。

　　下面对地面人体的多普勒信号进行仿真，参数设置如表 2.1 所示。行人的运动速度为 1～5m/s，人体在无人机载雷达坐标系中的方位角 α 和俯仰角 β 均为 $\pi/6 \sim \pi/3 \mathrm{rad}$，人体的大臂和小臂长度均为 0.35m，人体的大腿和小腿长度均为0.40m，人体的脚掌长度为0.26m。无人机与地面目标的初始距离 $R_0=30\mathrm{m}$，运动速度 v 为 0～5m/s，机身的上下随机小幅振动振幅 A_{m} 为 0.01～0.04m，无人机载雷达采用连续波多普勒体制，载频为 24GHz，波长为 0.0125m，可以有效反映目标微动信息，雷达接收机采样频率 f_{s} 为 5kHz。由于在真实情况下，地面目标回波含有地杂波，因此用信杂比来表征多普勒信号与地杂波的强度。信杂比（Signal-to-Clutter Ratio，SCR）的定义为

$$\mathrm{SCR}=10\lg\frac{P_{\mathrm{s}}}{P_{\mathrm{c}}} \tag{2.20}$$

式中，P_{s} 为多普勒信号功率；P_{c} 为地杂波功率。在仿真分析时，设定的地杂波满足韦布尔分布，信杂比为−15dB。

表 2.1　地面人体仿真参数设置

参　　数	人	参　　数	人
$v_{\mathrm{r}}/(\mathrm{m/s})$	1～5	$H_{\mathrm{LA}}/\mathrm{m}$	0.35
α/rad	$\pi/6\sim\pi/3$	$H_{\mathrm{UL}}/\mathrm{m}$	0.40
β/rad	$\pi/6\sim\pi/3$	$H_{\mathrm{LL}}/\mathrm{m}$	0.40
$H_{\mathrm{UA}}/\mathrm{m}$	0.35	$H_{\mathrm{F}}/\mathrm{m}$	0.26

　　当人体的摆臂频率为 4Hz，人体与无人机的接近速度为 10m/s，方位角为 $\pi/6$，俯仰角为 $\pi/4$ 时，图 2.7 是地面人体仿真多普勒信号时频分析，根据式（2.3）可以计算对应的理论多普勒频率为 565.7Hz，与图 2.7 中的多普勒频率基本一致。除了地杂波，人体多普勒信号主要包含由无人机机身平动和车辆车身主体平动产生的多普勒分量、四肢摆动产生的正弦调频微多普勒分量以及无人机机身随机振动产生的微多普勒分量，与建模分析一致。

5. 人体实测多普勒信号分析

　　利用如图 2.8（a）所示的 IVS-179 K 波段雷达对地面人体进行测量，在CW 模式下，该款雷达的工作频率为 24GHz，输入 VCO 的电压范围为 0.5～5V。利用 M2i.4912 八通道数据采集卡和阿科美数据录制工控机采集数据，设置多

普勒信号采样频率为 2kHz，图 2.8（b）为测试场景图。

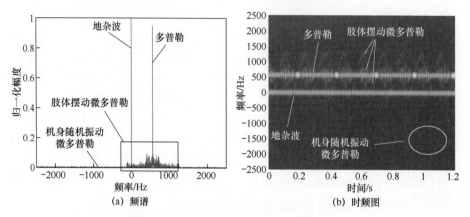

图 2.7　地面人体仿真多普勒信号时频分析

(a) 雷达实物图　　　　　　　　　　(b) 测试场景图

图 2.8　基于 IVS-179 K 波段雷达的地面人体微动测量示意图

　　对雷达回波使用短时傅里叶变换，图 2.9 给出了对不同身高的人体进行测量的结果。由图可知，人体在行走时的微动主要是四肢的摆动，会在多普勒频率附近产生类正弦调制，四肢越长，微多普勒频率越高，实测结果与仿真结果基本一致。

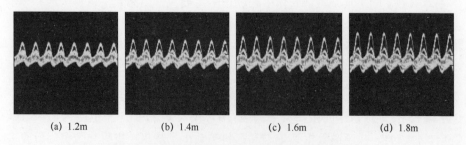

(a) 1.2m　　　　(b) 1.4m　　　　(c) 1.6m　　　　(d) 1.8m

图 2.9　4 个不同身高的人体在原地踏步时的回波图

2.2.2　人体呼吸时的胸腔微动建模

人体的呼吸和心跳在雷达视角中反映目标位移。具体来说，呼吸和心跳会使人体胸腔壁产生较为明显的位移，会对雷达回波产生调制，对回波信号进行解调即可得到人体胸腔壁的位移。后续根据胸腔壁位移时呼吸信号和心跳信号的不同特征进行分离，再通过信号处理的方法对两个信号进行信号幅度及频率估计以得到人体呼吸和心跳的幅度和频率。要完成上述任务，首先要对人体呼吸和心跳的机理进行研究。

1.　由呼吸导致的微动信号模拟

人体呼吸运动比较简单，包括两个过程——吸气和呼气。吸气过程，肺部舒张带动胸腔壁扩张。呼气过程，肺部收缩带动胸腔壁收缩。呼吸导致的胸腔壁位移是简单扩张和收缩的周期重复运动。由呼吸引起的胸腔壁位移幅度为 4～12mm，频率为 0.13～0.4Hz，胸腔壁位移相对于 77GHz 和 60GHz 雷达的波长是比较大的，且频率较低，在雷达视角中是一个低速目标，监测较为容易。

这里将人体呼吸信号建模为简单的正弦信号，那么由呼吸信号引起的胸腔壁位移建模为

$$x_r(t) = A_r \sin(2\pi f_r t) \tag{2.21}$$

式中，A_r 和 f_r 分别为人体呼吸和心跳的幅度和频率。用 nT_c 代替式（2.21）中的 t，并加入雷达到人体胸腔壁的起始径向距离 R_0，可以得到只有呼吸时人体胸腔壁到雷达的瞬时径向距离 $x_r(nT_c) = R_0 + A_r \sin(2\pi f_r nT_c)$，其中，$nT_c$ 为 Chirp 发射起始时刻，即慢时间，回波延时 $\tau = 2x_r(nT_c)/c$，可得包含呼吸信息的中频信号为

$$
\begin{aligned}
s_I(t_c, n) &= \exp\left\{ j4\pi\left[\frac{Sx_r(nT_c)t_c}{c} + \frac{f_c x_r(nT_c)}{c} - \frac{Sx_r^2(nT_c)}{c^2} \right] - j\varphi_0 \right\} \\
&\approx \exp\left\{ j\left[\omega_I(nT_c)t_c + \varphi_I(nT_c) \right] - j\varphi_0 \right\}
\end{aligned}
\tag{2.22}
$$

2.　由心脏活动导致的微动信号模拟

人体心脏活动包括心房肌和心室的收缩和舒张，由心跳引起的胸腔壁位移频率为 0.82～3.3Hz，幅度小于 0.6mm，约为呼吸的十分之一，是一个极其微弱的信号，容易受到呼吸信号和其他干扰的影响。与呼吸信号相比，心跳的机理较为复杂，心跳信号模型也更为复杂，虽然可以建模为正弦波、半周期正弦脉冲、高斯脉冲序列和两个相邻的脉冲等，但都与实际信号存在较大偏差。

我们提出一种改进的心跳信号模型。该模型的概念可以简述为：心脏在跳动过程中，当心室处于收缩期时，会传递一个短暂的脉冲信号，这个脉冲信号会被骨骼和身体组织过滤，等效为滤波，滤波后的脉冲信号传递到胸腔壁上，产生可以被感知的胸腔壁位移。基于这个过程对心跳信号进行建模，首先假设由心室产生的脉冲信号为指数信号 e^{-t/t_0}，其中 t_0 为脉冲持续时间常数，将脉冲信号通过二阶巴特沃斯滤波器的截止频率设置为 f_0，得到滤波后的信号为

$$x_{\mathrm{h}}(t) = A_{\mathrm{h}} \left\{ \exp\left(-\frac{t}{t_0}\right) + \left[\left(\frac{\sqrt{2}}{\omega_0 t_0} - 1\right) \sin\frac{\omega_0}{\sqrt{2}} - \cos\frac{\omega_0 t}{\sqrt{2}} \right] \exp\left(-\frac{\omega_0 t}{\sqrt{2}}\right) \right\} \quad (2.23)$$

式中，ω_0 为滤波器截止频率 f_0 对应的角频率；A_{h} 为人体心跳幅度。式（2.23）中的信号对应一拍心跳，随后将此信号以 $1/f_{\mathrm{h}}$ 的周期重复，其中 f_{h} 为心率，便得到了连续时间心跳信号模型。

3. 呼吸心跳微多普勒信号仿真

我们将由呼吸和心跳信号引起的胸腔壁位移建模为叠加状态，得到由呼吸和心跳引起的胸腔壁位移信号为

$$x(t) = x_{\mathrm{r}}(t) + x_{\mathrm{h}}(t)$$

$$= A_{\mathrm{r}} \sin(2\pi f_{\mathrm{r}} t) + A_{\mathrm{h}} \left\{ \exp\left(-\frac{t}{t_0}\right) + \left[\left(\frac{\sqrt{2}}{\omega_0 t_0} - 1\right) \sin\frac{\omega_0}{\sqrt{2}} - \cos\frac{\omega_0 t}{\sqrt{2}} \right] \exp\left(-\frac{\omega_0 t}{\sqrt{2}}\right) \right\}$$

$$(2.24)$$

为对信号进行后续操作，对连续时间信号进行离散化处理，以采样频率 f_{s} 对式（2.24）进行采样，获得离散时间信号为

$$x(n) = x_{\mathrm{r}}\left(\frac{n}{f_{\mathrm{s}}}\right) + x_{\mathrm{h}}\left(\frac{n}{f_{\mathrm{s}}}\right) \quad (2.25)$$

式中，采样频率 f_{s} 为呼吸频率 f_{r} 和心率 f_{h} 的整数倍，以便采样到呼吸和心跳信号的完整周期。

设置仿真参数如下：采样频率 $f_{\mathrm{s}} = 100\mathrm{Hz}$，采样长度为 20s，采样点数 $N = 2000$。呼吸信号模型为简单的正弦模型，时频关系较为明显，此处不再赘述。下面主要分析心跳信号仿真模型。将式（2.23）中的脉冲持续时间 t_0 设置为 0.05s，二阶巴特沃斯滤波器的截止频率 f_0 设置为 1Hz，分别对 60b/min（拍/

min）、90b/min、120b/min 的心跳信号进行建模仿真，对应心率为 1Hz、1.5Hz、2Hz，设置心跳位移幅度 $A_h = 0.6$mm，得到心跳信号的时域仿真图，并对其进行 8192 点傅里叶变换得到相应的心跳信号频谱，如图 2.10 所示。

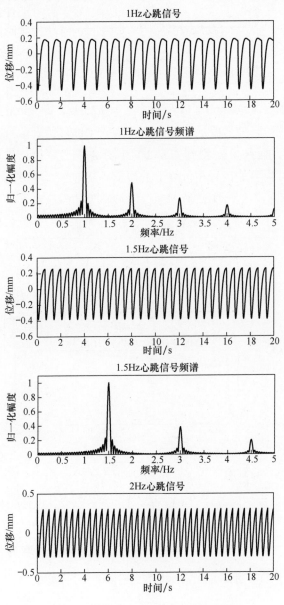

图 2.10　不同频率心跳信号模型仿真图

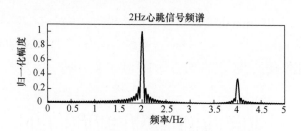

图 2.10　不同频率心跳信号模型仿真图（续）

设置呼吸幅度 $A_r = 5\text{mm}$ ，呼吸频率 $f_r = 0.25\text{Hz}$ ，即 15b/min，将这一呼吸信号与上述心跳仿真信号叠加，即为人体胸腔壁位移仿真信号，对式（2.25）的离散时间信号进行仿真，得到如图 2.11 所示的胸腔壁位移仿真结果。可以看出，呼吸和心跳的叠加信号在包络上近似于心跳信号对呼吸信号进行了调制，从频谱图中发现心跳信号频谱的谐波已经被呼吸信号淹没。

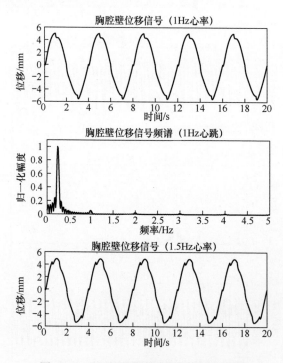

图 2.11　不同频率胸腔壁位移信号仿真图

28

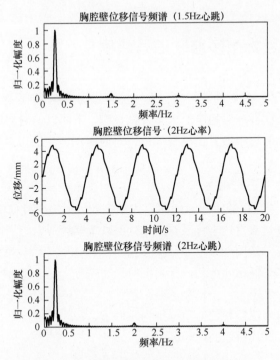

图 2.11 不同频率胸腔壁位移信号仿真图（续）

4. 人体呼吸和心跳实测信号分析

设置如图 2.12（a）所示实验场景进行数据实测，采用 60GHz 正交通道雷达，雷达参数如下：带宽为 4GHz，采样点数为 2000，人员静坐在雷达正前方约 0.7m 的位置，并佩戴 ECG 设备用于对比识别率，根据中频信号提取如图 2.12（b）所示的胸腔壁位移结果，与图 2.11 中的仿真基本一致。

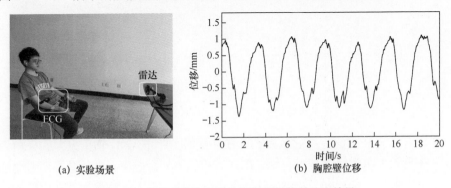

(a) 实验场景　　　　　　　　(b) 胸腔壁位移

图 2.12 人体呼吸和心跳实测场景及信号处理结果

2.3 车辆目标微多普勒信号建模

对于轮式车辆，车轮的旋转将会造成旋转微多普勒调制；对于履带式车辆，履带的旋转和平动会产生相应的微多普勒调制。下面以地对空场景为例，分别建立这两种目标的三维散射点模型，分析对应微动产生的微多普勒调制。

2.3.1 轮式车辆

图 2.13 为无人机载雷达对地面轮式车辆的三维散射几何模型。以无人机载雷达为原点 O 建立雷达坐标系 (X, Y, Z)，以车辆轮毂中心为原点 o 建立本地坐标系 (x, y, z)。在初始时刻，无人机载雷达与车轮轮毂中心的距离为 R_0，无人机与地面轮式车辆相向运动，无人机的运动速度为 v，地面轮式车辆的运动速度为 v_r，车轮半径为 r，车轮旋转角速度为 ω，$v_r = \omega r$，车辆轮毂中心 o 在雷达坐标系中的方位角和俯仰角分别为 α 和 β。在一般情况下，$R_0 \gg r$，即轮式车辆位于无人机载雷达的远场区。

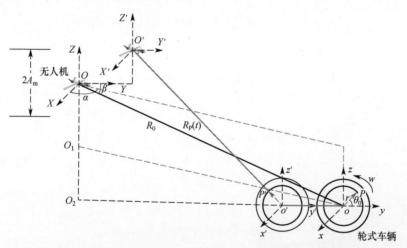

图 2.13 无人机载雷达对地面轮式车辆的三维散射几何模型

P 为车轮表面的一个强散射点，在初始时刻，P 与 oy 轴正方向的夹角为 θ_0。无人机在悬停或飞行过程中，在旋翼和气流的影响下，机身会不可避免地产生上下随机小幅振动，振幅为 A_m。经过时间 t，无人机载雷达与地面轮式车辆轮毂中心 o 及车身主体的距离记为 $R(t)$，P 运动到 P'，无人机载雷达与 P' 之

间的距离记为 $R_{\mathrm{P}}(t)$，有

$$R(t) \approx R_0 - vt\sin\alpha\cos\beta - v_{\mathrm{r}}t\sin\alpha\cos\beta - \xi(t)A_{\mathrm{m}}\sin\beta \tag{2.26}$$

$$R_{\mathrm{P}}(t) \approx R_0 - r\sin\alpha\cos(\theta_0 + \omega t - \beta) - vt\sin\alpha\cos\beta - v_{\mathrm{r}}t\sin\alpha\cos\beta - \xi(t)A_{\mathrm{m}}\sin\beta \tag{2.27}$$

在式（2.26）和式（2.27）中，$\xi(t)$ 为 $(-1,1)$ 之间的随机数。无人机载雷达采用连续波多普勒体制，载频为 f_{c}，则发射信号 $s_{\mathrm{t}}(t)$ 可以表示为 $\exp(\mathrm{j}2\pi f_{\mathrm{c}}t)$。

车轮表面均匀分布着 K 个强散射点，每个强散射点与 y 轴的初始夹角为

$$\theta_i = 2\pi i / K, \quad i = 1,2,\cdots,K \tag{2.28}$$

地面轮式车辆的回波信号是车身主体和车轮各个强散射点回波信号的叠加，即

$$s_{\mathrm{r}}(t) = \rho\exp[\mathrm{j}2\pi f_{\mathrm{c}}(t-\tau)] + \sum_{i=1}^{K}\rho_i\exp[\mathrm{j}2\pi f_{\mathrm{c}}(t-\tau_i)] \tag{2.29}$$

式中，ρ 为车身主体的散射系数；ρ_i 为车轮上第 i 个强散射点的散射系数；$\tau = 2R(t)/c$ 为车身主体的回波延时，c 为光速；$\tau_i = 2R_{P_i}(t)/c$ 是车轮上第 i 个强散射点的回波延时。

对式（2.29）表示的回波信号进行去载频处理后，对相位求微分，可得到回波信号的频率为

$$f_{\mathrm{D}} = \frac{2f_{\mathrm{c}}}{c}(v_{\mathrm{r}} + v)\sin\alpha\cos\beta \tag{2.30}$$

$$f_{\mathrm{mD}_i} = \frac{2f_{\mathrm{c}}}{c}\omega r\sin\alpha\sin\left(\frac{2\pi i}{K} + \omega t - \beta\right), i = 1,2,\cdots K \tag{2.31}$$

式中，f_{D} 为地面轮式车辆车身主体平动和无人机平动产生的多普勒信号分量频率，与载频频率、无人机与目标接近速度以及方位角、俯仰角等有关；f_{mD_i} 为轮式车辆车轮表面第 i 个强散射点旋转产生的正弦调频的微多普勒信号分量频率。此外，无人机机身的上下随机小幅振动也会对回波信号产生额外的微多普勒调制。

2.3.2　履带式车辆

图 2.14 为无人机载雷达对地面履带式车辆的三维散射几何模型。以无人

机载雷达为原点 O 建立雷达坐标系 (X, Y, Z)，以车辆诱导轮轮毂中心为原点 o 建立本地坐标系 (x, y, z)。在初始时刻，无人机载雷达与车轮诱导轮轮毂中心的距离为 R_0，无人机与地面履带式车辆相向运动，无人机的运动速度为 v，地面履带式车辆的运动速度为 v_r，r_1 是驱动轮半径，r_2 是诱导轮半径，r_3 是负重轮半径，为了便于分析，将履带式车辆所有车轮半径记为 r，车轮旋转角速度为 ω，$v_r = \omega r$，诱导轮轮毂中心 o 在雷达坐标系中的方位角和俯仰角分别为 α 和 β。d_a 是驱动轮和诱导轮之间的距离，d_u 是第一个负重轮和最后一个负重轮之间的距离，h 是诱导轮和负重轮之间的高度差，φ 是侧边履带和水平线的夹角。P 是履带表面的一个强散射点，P 的运动可以分解为 AB 段的旋转、BC 段的平动、CD 段的旋转、DE 段的平动、EF 段的旋转、FG 段的平动、GH 段的旋转和 HA 段的平动。与图 2.13 中一样，履带式车辆位于无人机载雷达远场区，即 $R_0 \gg r$，无人机在悬停或飞行过程中，在旋翼和气流的影响下，机身上下随机振动的振幅为 A_m。

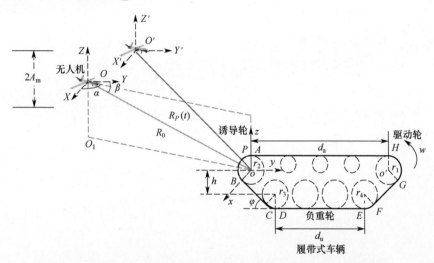

图 2.14　无人机载雷达对地面履带式车辆的三维散射几何模型

当 P 在初始时刻位于 AB 段时，经过时间 t，P 和无人机载雷达之间的距离 $R_{AB}(t)$ 可以表示为

$$R_{AB}(t) \approx R_0 - r\sin\alpha\cos(\theta_{AB} - \beta) - v_r t \sin\alpha\cos\beta - vt\sin\alpha\cos\beta - \xi(t)A_m\sin\beta$$

（2.32）

式中，$\theta_{AB} = \theta_0 + \omega t \in [0, \pi - \varphi]$，$\theta_0$ 是 P 的初相；ξ 为 $(-1,1)$ 之间的随机数。

当 P 在初始时刻位于 BC 段时，经过时间 t，P 和无人机载雷达之间的距离 $R_{BC}(t)$ 可以表示为

$$R_{BC}(t) \approx R_0 - r\sin\varphi\sin\alpha\cos\beta + \omega rt\cos\varphi\sin\alpha\cos\beta - \\ v_r t\sin\alpha\cos\beta - vt\sin\alpha\cos\beta - \xi(t)A_m\sin\beta \qquad (2.33)$$

当 P 在初始时刻位于 CD 段时，经过时间 t，P 和无人机载雷达之间的距离 $R_{CD}(t)$ 可以表示为

$$R_{CD}(t) \approx R_{r_3} - r\sin\alpha\cos(\theta_{CD} - \beta) - v_r t\sin\alpha\cos\beta - vt\sin\alpha\cos\beta - \xi(t)A_m\sin\beta$$

$$(2.34)$$

式中，$R_{r_3} \approx R_0 + (d_a - d_u)\sin\alpha\cos\beta / 2 + h\sin\beta$ 是无人机载雷达与第一个载重轮轮毂中心的距离；$\theta_{CD} = \theta_{r_3} + wt \in [\pi-\varphi, \pi]$，$\theta_{r_3}$ 是 P 的初相。

当 P 在初始时刻位于 DE 段时，经过时间 t，P 和无人机载雷达之间的距离 $R_{DE}(t)$ 可以表示为

$$R_{DE} \approx R_{r_3} - vt\sin\alpha\cos\beta - \xi(t)A_m\sin\beta \qquad (2.35)$$

当 P 在初始时刻位于 EF 段时，经过时间 t，P 和无人机载雷达之间的距离 $R_{EF}(t)$ 可以表示为

$$R_{EF}(t) \approx R_{r_4} - r\sin\alpha\cos(\theta_{EF} - \beta) - v_r t\sin\alpha\cos\beta - vt\sin\alpha\cos\beta - \xi(t)A_m\sin\beta$$

$$(2.36)$$

式中，$R_{r_4} \approx R_0 + (d_a + d_u)\sin\alpha\cos\beta / 2 + h\sin\beta$ 是无人机载雷达与最后一个载重轮轮毂中心的距离；$\theta_{EF} = \theta_{r_4} + wt \in [\pi, \pi+\varphi]$，$\theta_{r_4}$ 是 P 的初相。

当 P 在初始时刻位于 FG 段时，经过时间 t，P 和无人机载雷达之间的距离 $R_{FG}(t)$ 可以表示为

$$R_{FG}(t) \approx R_{r_4} + r\sin\varphi\sin\alpha\cos\beta + \omega rt\cos\varphi\sin\alpha\cos\beta - \\ v_r t\sin\alpha\cos\beta - vt\sin\alpha\cos\beta - \xi(t)A_m\sin\beta \qquad (2.37)$$

当 P 在初始时刻位于 GH 段时，经过时间 t，P 和无人机载雷达之间的距离 $R_{GH}(t)$ 可以表示为

$$R_{GH}(t) \approx R_{r_1} - r\sin\alpha\cos(\theta_{GH} - \beta) - v_r t\sin\alpha\cos\beta - vt\sin\alpha\cos\beta - \xi(t)A_m\sin\beta$$

$$(2.38)$$

式中，$R_\eta \approx R_0 + d_a \sin\alpha\cos\beta$ 是无人机载雷达与驱动轮轮毂中心的距离；$\theta_{GH} = \theta_\eta + wt \in [\pi + \varphi, 2\pi]$，$\theta_\eta$ 是 P 的初相。

当 P 在初始时刻位于 HA 段时，经过时间 t，P 和无人机载雷达之间的距离 $R_{HA}(t)$ 可以表示为

$$R_{HA}(t) \approx R_\eta - 2\omega rt \sin\alpha\cos\beta - vt\sin\alpha\cos\beta - \xi(t)A_m\sin\beta \qquad (2.39)$$

雷达发射信号 $s(t) = \exp(j2\pi f_c t)$。其中，f_c 为载频。地面履带式车辆的回波信号是车身主体和履带上各个强散射点回波信号的叠加，即

$$
\begin{aligned}
s_r(t) = {} & \rho\exp[j2\pi f_c(t-\tau)] + \sum_{i_{AB}=1}^{K_{AB}} \rho_{i_{AB}}\exp[j2\pi f_c(t-\tau_{i_{AB}})] + \sum_{i_{BC}=1}^{K_{BC}} \rho_{i_{BC}}\exp[j2\pi f_c(t-\tau_{i_{BC}})] + \\
& \sum_{i_{CD}=1}^{K_{CD}} \rho_{i_{CD}}\exp[j2\pi f_c(t-\tau_{i_{CD}})] + \sum_{i_{DE}=1}^{K_{DE}} \rho_{i_{DE}}\exp[j2\pi f_c(t-\tau_{i_{DE}})] + \\
& \sum_{i_{EF}=1}^{K_{EF}} \rho_{i_{EF}}\exp[j2\pi f_c(t-\tau_{i_{EF}})] + \sum_{i_{FG}=1}^{K_{FG}} \rho_{i_{FG}}\exp[j2\pi f_c(t-\tau_{i_{FG}})] + \\
& \sum_{i_{GH}=1}^{K_{GH}} \rho_{i_{GH}}\exp[j2\pi f_c(t-\tau_{i_{GH}})] + \sum_{i_{HA}=1}^{K_{HA}} \rho_{i_{HA}}\exp[j2\pi f_c(t-\tau_{i_{HA}})]
\end{aligned}
$$
$$(2.40)$$

式中，ρ 为车身主体的散射系数；ρ_i 为履带上第 i 个强散射点的散射系数；$\tau = 2R(t)/c$ 为车身主体的回波延时，c 为光速；$\tau_i = 2R_{p_i}(t)/c$ 为履带上第 i 个强散射点的回波延时。

对式（2.40）表示的回波信号进行去载频处理，对相位求微分，可得到各信号分量的频率为

$$\dot{f}_D = \frac{2f_c}{c}(v_r + v)\sin\alpha\cos\beta \qquad (2.41)$$

$$f_{mDr_i} = \frac{2f_c}{c}[-\omega r\sin\alpha\sin(\theta_i + \omega r - \beta) + v_r\sin\alpha\cos\beta + v\sin\alpha\cos\beta] \qquad (2.42)$$

$$f_{mDst} = \frac{2f_c}{c}(-\omega r\cos\varphi\sin\alpha\cos\beta + v_r\sin\alpha\cos\beta + v\sin\alpha\cos\beta) \qquad (2.43)$$

$$f_{mDlt} = \frac{2f_c}{c}(v\sin\alpha\cos\beta) \qquad (2.44)$$

$$f'_{\text{mDut}} = \frac{2f_c}{c}(2\omega r \sin\alpha \cos\beta + v \sin\alpha \cos\beta) \qquad (2.45)$$

式中，f_D 为地面履带式车辆车身主体平动和无人机平动产生的多普勒信号分量频率；f_{mDr_i} 为履带式车辆旋转履带部分表面第 i 个强散射点旋转产生的正弦调频的微多普勒信号分量频率；f_{mDst}、f_{mDlt}、f_{mDut} 分别为履带式车辆侧边履带、底部履带和顶部履带平动产生的微多普勒信号分量频率。此外，无人机机身的上下随机小幅振动也会对回波信号产生额外的微多普勒调制。

2.3.3　车辆回波仿真

下面对地面车辆目标的多普勒信号进行仿真，参数设置如表 2.2 所示。轮式车辆的车轮半径为 0.4m，运动速度为 2～12m/s。履带式车辆的车轮半径为 0.25m，运动速度为 5～15m/s。车辆目标在无人机载雷达坐标系中的方位角 α 和俯仰角 β 均为 $\pi/6 \sim \pi/3\,\text{rad}$。对于履带式车辆，侧边履带与水平面的夹角 φ 为 $\pi/4\,\text{rad}$，驱动轮和诱导轮之间的距离 d_a 为 6m，第一个负重轮和最后一个负重轮之间的距离 d_u 为 4m，诱导轮轮毂中心和负重轮轮毂中心之间的高度差 h 为 1.06m。无人机与雷达接收机的参数与 2.2.1 节中的参数设置一致，在仿真分析时，同样设定地杂波满足韦布尔分布，信杂比为-15dB。

表 2.2　地面车辆仿真参数设置

参　数	参　数　值	
	轮式车辆	履带式车辆
r/m	0.4	0.25
$v_r/\text{m/s}$	2～12	5-15
α/rad	$\pi/6\sim\pi/3$	$\pi/6\sim\pi/3$
β/rad	$\pi/6\sim\pi/3$	$\pi/6\sim\pi/3$
φ/rad	—	$\pi/4$
d_a/m	—	6
d_u/m	—	4
h/m	—	1.06

轮式车辆与无人机的接近速度为 10m/s，方位角为 $\pi/6$，俯仰角为 $\pi/4$，图 2.15 是此时地面轮式车辆的仿真多普勒信号时频分析，根据式（2.30）可以计算对应的理论多普勒频率为 565.7Hz，与图 2.15 中的多普勒频率基本一

致。在多普勒信号中，地杂波占比最大，轮式车辆多普勒信号包含由无人机机身平动和车辆车身主体平动产生的多普勒分量、车轮旋转产生的正弦调频微多普勒分量以及无人机机身随机振动产生的微多普勒分量，与 2.3.1 节的建模分析一致。

  履带式车辆与无人机的接近速度为 9m/s，方位角为 $\pi/6$，俯仰角为 $\pi/4$，图 2.16 是此时地面履带式车辆的仿真多普勒信号时频分析，根据式（2.41）～式（2.45）可以计算对应的理论多普勒频率为 509Hz，侧边履带对应的理论微多普勒频率为 270Hz，上履带对应的理论微多普勒频率为 848.4Hz，底边履带对应的理论微多普勒频率为 170Hz，与图 2.16 中的各信号分量频率基本一致。与轮式车辆一样，地杂波占比最大，履带式车辆多普勒信号包含由无人机机身平动和车辆车身主体平动共同产生的多普勒分量，履带旋转产生的正弦调频微多普勒分量，上履带、底边履带和侧边履带平动产生的固定频率的微多普勒分量，以及无人机机身随机振动产生的微多普勒分量，与 2.3.2 节的建模分析一致。对比图 2.15 和图 2.16 可知，轮式车辆多普勒信号的成分较简单，微多普勒分量只有旋转微多普勒和随机振动微多普勒且这两个微多普勒分量能量占比均较小，地杂波和多普勒分量具有较高的能量比重；履带式车辆多普勒信号的成分复杂，上履带、底边履带和侧边履带产生的三个微多普勒分量具有相似的比重。在履带式车辆多普勒信号中，地杂波和多普勒分量虽然也具有较大比重，但是整体和其他微多普勒分量在一个数量级。

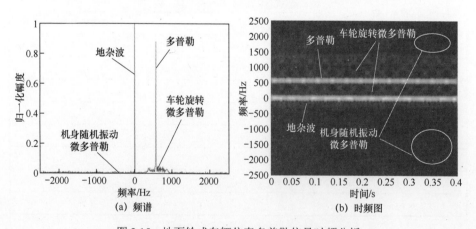

图 2.15 地面轮式车辆仿真多普勒信号时频分析

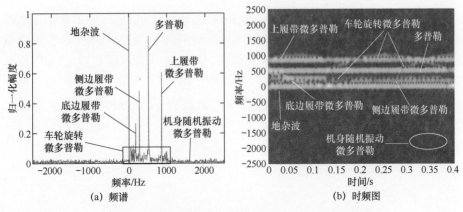

(a) 频谱 (b) 时频图

图 2.16 地面履带式车辆仿真多普勒信号时频分析

2.3.4 车辆实测信号分析

如图 2.17 所示,雷达原理样机挂载在无人机正下方云台上,载波为 24GHz,ADC 采样频率为 5kHz,每个样本采样时间为 0.8s,采样后的数据通过无线传输至地面电脑进行后续信号处理。其中,轮式车辆以山地车作为实验对象,履带式车辆以小型履带式运输车作为实验对象,实物如图 2.18 所示。

图 2.17 无人机挂载雷达原理样机示意图

(a) 轮式车辆 (b) 履带式车辆

图 2.18 地面车辆目标实物图

利用无人机载雷达对车辆进行探测时，实验场景如图 2.19 所示，无人机处于悬停或与车辆相向匀速直线运动状态，距离地面的高度为 H，车辆沿着 O_3O_2 方向匀速直线运动，无人机的投影点 O_1 与车辆运动轨迹 O_3O_2 的径向距离为 D，投影点 O_1 与车辆运动轨迹起点 O_3 的距离为 l，无人机与车辆运动轨迹起点 O_3 的距离为 R，车辆运动轨迹 O_3O_2 的长度为 L，α 为车辆在无人机坐标轴中的方位角，β 为俯仰角。

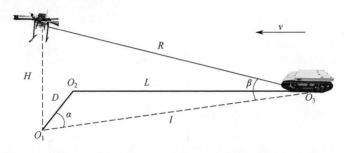

图 2.19　无人机载雷达对地面目标探测实验场景

在实际实验过程中，设置无人机距地面的高度 H 为 4m，无人机的投影点 O_1 与车辆运动轨迹 O_3O_2 的径向距离 D 为 3m，车辆运动轨迹 O_3O_2 长度 L 为 4~15m，在每种参数组合下，进行多次探测，实际探测场景如图 2.20 所示。

(a) 轮式车辆　　　　　　　　　　　　(b) 履带式车辆

图 2.20　无人机载雷达对地面目标探测实际探测场景

多普勒信号在零频附近具有较强的地杂波且在高频具有噪声，需要对多普勒信号进行地杂波抑制和去噪。为了进一步明确地杂波的组成，无人机挂载雷达对地面进行测试。地面多普勒信号的频谱和时频图如图 2.21 所示。可以发现，与上述分析一致，地杂波主要分布在零频附近，同时无人机的随机微弱振动也会产生微弱杂波。

对车辆的多普勒信号进行地杂波抑制和去噪，利用短时傅里叶变换对处理后的多普勒信号进行时频变换，如图 2.22 所示，得到在无人机悬停时，车辆的多普勒信号频谱和时频图。

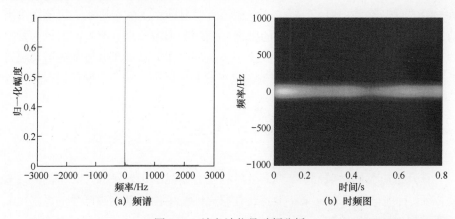

(a) 频谱　　　　　　　　　(b) 时频图

图 2.21　地杂波信号时频分析

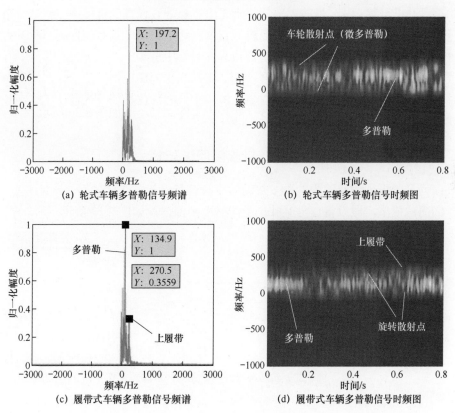

(a) 轮式车辆多普勒信号频谱　　　　(b) 轮式车辆多普勒信号时频图

(c) 履带式车辆多普勒信号频谱　　　(d) 履带式车辆多普勒信号时频图

图 2.22　在无人机悬停时车辆目标预处理后的多普勒信号时频分析

由图可知，轮式车辆除了主体平动产生的多普勒调制，还包括由车轮上的旋转散射点产生的正弦调频微多普勒调制。履带式车辆的多普勒频谱和时频图虽与轮式车辆整体相似，但履带式车辆还有明显的由上履带平动产生的微多普勒调制信号分量，且上履带对应的微多普勒频率为多普勒频率的两倍，与 2.3.1 节和 2.3.2 节中的建模分析一致。这些区别可以作为基于微多普勒效应和无人机载雷达对车辆目标进行准确识别的重要依据。

2.4 直升机目标微多普勒信号建模

直升机旋翼的时域回波、频谱及时频图有明显的由转动部件产生的微多普勒特征，目前已有很多专家和学者通过研究回波中由转动旋翼产生的微多普勒特征挖掘旋翼的相关信息，估计旋翼桨叶的长度、数量、转动周期等参数，借此对直升机进行识别。目前大部分的研究虽然都是假设直升机持续在雷达波束照射中，但是在实际情况下，很多机械扫描雷达不可能长期持续照射目标，有可能出现在一个扫描周期内，雷达波束只在目标上驻留一小段时间的现象，导致回波中关于旋翼的多普勒信息不完整，我们称这种情况为雷达工作在短驻留时间条件下；反之，若目标持续在雷达波束中，则称这种情况为雷达工作在长驻留时间条件下。

2.4.1 长驻留时间下直升机旋翼回波建模

为了分析雷达回波中的微多普勒效应与直升机旋翼桨叶之间的定量关系，我们简化模型，假设雷达与桨叶位于同一个平面内，如图 2.23 所示。

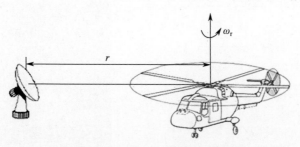

图 2.23　雷达与直升机旋翼几何示意图

雷达到旋翼中心的距离为 r，旋翼的旋转角速度为 ω_r，桨叶的长度为 L，假设旋翼桨叶上有一点 C，与旋转中心的距离为 l，则该点的回波公式可以表示为

40

$$s_{r0}(t) = \exp\left(-j4\pi f_0 \frac{r + l\sin(2\pi f_r t + \varphi)}{c}\right) \tag{2.46}$$

由于相位中的常数项 $4\pi f_0 r/c$ 与微动分量无关，而且对微动参数的估计也没有影响，因此可以直接把这一项忽略，有

$$s_{r0}(t) = \exp\left(-j4\pi f_0 \frac{l\sin(2\pi f_r t + \varphi)}{c}\right) \tag{2.47}$$

对式（2.47）进行积分，可以得到整片桨叶的回波，即

$$
\begin{aligned}
s_r(t) &= \int_0^L \exp\left\{-j\frac{4\pi f_0}{c} l\sin(2\pi f_r t + \varphi)\right\} dl \\
&= L\exp\left\{-j\frac{4\pi f_0}{c}\frac{L}{2}\sin(2\pi f_r t + \varphi)\right\} \operatorname{sinc}\left\{\frac{4\pi f_0}{c}\frac{L}{2}\sin(2\pi f_r t + \varphi)\right\}
\end{aligned}
\tag{2.48}
$$

对于有 N 片桨叶的旋翼，每片桨叶的旋转初始相位为

$$\varphi_k = \varphi_0 + \frac{2k\pi}{N}, k = 0,1,\cdots,N-1 \tag{2.49}$$

则整个旋翼的回波可以写成

$$s(t) = \sum_{k=0}^{N-1} L\operatorname{sinc}\{\Phi_k(t)\}\exp\{-j\Phi_k(t)\} + w(t) \tag{2.50}$$

式中，$w(t)$ 为噪声，

$$\Phi_k(t) = \frac{4\pi f_0}{c}\frac{L}{2}\sin\left(2\pi f_r t + \varphi_0 + \frac{2k\pi}{N}\right), k = 0,1,\cdots,N-1 \tag{2.51}$$

设雷达发射波载频 f_0 为 5GHz，采样频率为 20kHz；直升机旋翼的旋转频率 f_r 为 5Hz，桨叶长度 L 为 5.5m，旋翼共有 3 片桨叶。根据式（2.50）仿真得出时域信号，如图 2.24（a）所示；对回波进行时频分析，得到时频图，如图 2.24（b）所示。

将旋翼的桨叶数目增加到 4 片，其余条件不变，仿真得出时域信号及其时频图如图 2.25 所示。

旋翼的时域回波中会出现周期性的峰值，在峰值出现的时刻，时频图上会对应出现一定频带宽度的闪烁。这是由于旋翼在转动过程中，当桨叶转动到与雷达视线垂直的位置时，桨叶发生镜面反射，从而构成强散射源，使回波的幅

值达到峰值，相应时刻的频域也产生峰值。闪烁具有一定频带宽度是因为桨叶在旋转过程中，叶尖到尾部的切向速度依次递减，导致多普勒频率也依次递减，因此可以推断相邻峰值与闪烁之间的时间间隔与转动周期有关，闪烁的带宽与桨叶的长度相关。另外，通过比较图 2.24 和图 2.25 还可以发现，当桨叶数量为偶数时，回波的时频图关于零频线对称；当桨叶数量为奇数时，时频图不对称。

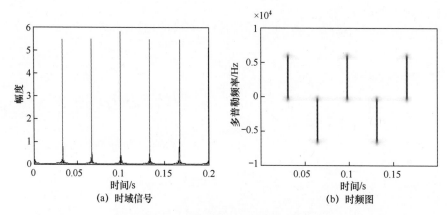

图 2.24　三叶片旋翼的时域回波及其时频图

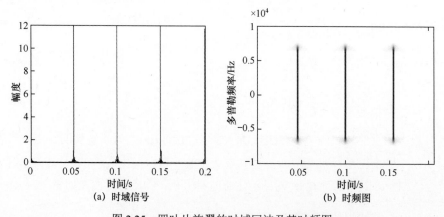

图 2.25　四叶片旋翼的时域回波及其时频图

　　实际上，桨叶在时频图中除了在闪烁的时刻有强散射，在其他时间也会发生散射，只是与闪烁的时刻相比，散射强度较小，亮度相对微弱。可以对 STFT 进行以下处理，使其他位置的散射从时频图上凸显出来，处理后，STFT 的计算公式为

$$\text{STFT}_r(t,f)=\left(\int_{-\infty}^{\infty}s_0(\tau)h^*(\tau-t)e^{-j2\pi f\tau}d\tau\right)^{\alpha} \tag{2.52}$$

很显然，当 α 等于 1 时，式（2.52）就是 STFT 的计算公式。当 α 小于 1 时，时频图中最大灰度值与最小灰度值之间的差距减小，使灰度值较弱的部分显示出来。

令 α 等于 1/3，采用式（2.52）对三叶片旋翼和四叶片旋翼的回波做时频分析，得到的时频图如图 2.26 所示。图 2.26 中，除了闪烁，还有几条周期性曲线，是由周期性转动的叶尖发生散射产生的。这几条曲线均是正弦曲线，正弦曲线数量与桨叶数量一致，曲线的周期就是桨叶的转动周期，曲线的最大多普勒频移与桨叶的长度有关。

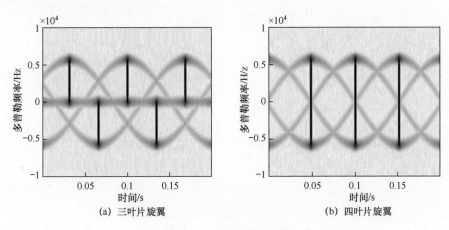

(a) 三叶片旋翼　　　　　　　　　(b) 四叶片旋翼

图 2.26　处理后的时频图

为了模拟更真实的旋翼回波，用 FEKO 软件建立旋翼的几何模型，如图 2.27（a）所示，该旋翼有 3 片桨叶，每片桨叶的叶尖到旋转中心的距离为2.4m，左上方的放大图显示的是叶片的横截面，右上方的放大图是旋翼的旋转中心，即桨毂的俯视图。可以看到，桨叶尾部与桨毂之间还存在一定距离，该距离为0.4m。图 2.27（b）是雷达与旋翼位置示意图。此时雷达与旋翼不在同一平面内，雷达视线存在一个仰角 β，在仿真中，令 $\beta = 70°$。雷达的发射波载频 f_0 为 10GHz，采样频率为 15kHz，旋翼的旋转频率为 5Hz，信噪比 SNR 为25dB。

用 FEKO 软件计算该模型的电磁散射系数，仿真旋翼的雷达回波，得到的时域回波及其时频图如图 2.28 所示。时域回波中有 5 个峰值（不考虑图片边缘的两个），时频图中对应的时刻也出现 5 条闪烁。观察时频图发现，该旋翼的多普勒频率并不对称，因此桨叶数量必然为奇数，图中有 3 条正弦曲线，可以推断该旋翼有 3 片桨叶。

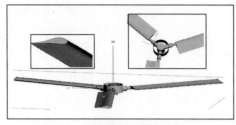

(a) 旋翼 FEKO 模型　　　　　　　(b) 旋翼与雷达位置示意图

图 2.27　旋翼几何模型及与雷达位置示意图

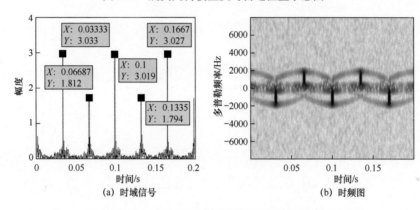

(a) 时域信号　　　　　　　　　(b) 时频图

图 2.28　旋翼模型的时域回波及其时频图

比较 FEKO 的仿真结果图 2.28 与推导的旋翼回波公式的仿真结果图 2.24 和图 2.26（a）可知，由两种方法仿真的三叶片旋翼的时域回波和时频图特征基本一致，在 FEKO 仿真结果的时频图中，零频线附近还有几条偏移十分微小的曲线，这其实是桨叶尾部转动产生的微多普勒频率，由于桨叶尾部到桨毂的距离很短，桨叶尾部的转动线速度很小，产生的多普勒频移十分微小。在推导公式时，为了简化模型，由于认为桨叶尾部就是旋翼的旋转中心，因此在公式的仿真结果中没有这三条曲线。

2.4.2　短驻留时间下直升机旋翼回波建模

在雷达短驻留时间条件下，式（2.50）的雷达回波公式改写为

$$s_1(t) = \begin{cases} s(t), & t_{1s} \leqslant t \leqslant t_{1e}, t_{2s} \leqslant t \leqslant t_{2e}, \cdots \\ w(t), & 0 \leqslant t \leqslant t_{1s}, t_{1e} \leqslant t \leqslant t_{2s}, \cdots \end{cases} \tag{2.53}$$

式中，$[t_{is}, t_{ie}]$ 为目标在雷达波束内的驻留时间段，t_{is} 是第 i 个驻留时间段的起始点，t_{ie} 是第 i 个驻留时间段的终止点（$i = 1, 2, \cdots$），即在驻留时间段内，雷达接收波包含目标的回波和噪声，在驻留时间段外，雷达接收波中只有噪声。图 2.29 是在短驻留时间下雷达照射一个三叶片旋翼的旋翼回波及其时频图。图中，矩形虚线框是在驻留时间内雷达接收到的旋翼的回波，在虚线框之外的时间段，旋翼不在雷达波束照射范围内。

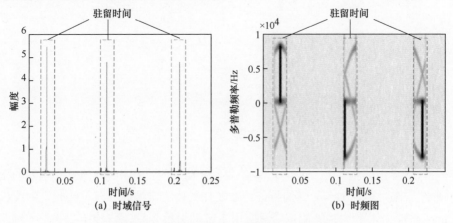

图 2.29　短驻留时间下旋翼回波及其时频图

2.5　小结

本章以典型地面人车目标和空中直升机目标为研究对象，分别分析了人体四肢的摆动、人体呼吸时心脏与胸腔的微动、轮式车辆车轮的旋转、履带式车轮履带的转动和直升机桨叶的旋转对雷达回波的调制，构建了不同目标的微多普勒回波信号模型，并对比了相关仿真结果与实测结果，验证了模型的有效性。此外，基于微多普勒信号数学解析模型，明确了不同目标的微多普勒耦合机理和微多普勒调制特性，可以为基于微多普勒效应的目标识别与微动参数估计提供模型和机理支撑。

第 3 章
基于微多普勒效应的目标分类与参数估计

3.1 引言

自然界中的绝大部分物体均具有微多普勒效应,不同的物体具有不同的微动形式。作为目标独一无二的特征,微多普勒效应自被美国海军实验室的 V.C. Chen 教授引入雷达领域便被广泛应用于雷达目标识别。与传统的基于一维距离像、光学图像或合成孔径成像等目标识别方法相比,基于微多普勒效应的目标识别方法可以以较小的计算量获得较高的识别精度,同时,微多普勒效应还可以作为真假目标识别的重要依据。国内外学者在基于微多普勒效应的目标分类识别方面虽然取得了显著成果,但是仍存在一些不足,例如研究涉及的目标种类和场景较少、识别率有限、空中直升机目标的微动参数难以准确估计等。在前面完成地面人车目标、空中直升机目标微动信号建模的基础上,本章针对典型地面目标和空中直升机目标,在空对地场景下,利用仿真生成的微多普勒数据开展人车分类识别研究;在地对地场景下,利用雷达实测得到的微多普勒数据进行物种分类识别研究;针对地对空场景,利用直升机仿真数据进行微动参数估计研究。

主要内容安排如下:3.2 节给出了空对地场景下,针对不同地面目标,利用不同方法开展车辆目标识别、人车目标分类的结果;3.3 节分析了地对地场景下,基于微多普勒效应,分别利用微多普勒特征提取方法和深度学习方法对不同物种进行智能识别的结果;3.4 节针对地对空场景,以直升机为例,探索了直升机目标微动参数估计方法;3.5 节为本章小结。

3.2 空对地场景下的典型地面人车目标分类识别

针对空对地场景，本章以无人机平台为例，开展基于微多普勒效应的无人机载雷达对典型地面人车目标分类识别研究，从传统微多普勒特征提取与最新深度学习方法两个方面实现了不同车辆与人车目标的准确识别。

3.2.1 基于谱分析的无人机载雷达对典型地面车辆分类识别

本节讨论基于谱分析的无人机载雷达对地面车辆目标分类识别方案，通过双谱估计方法计算目标多普勒信号的双谱。与传统频谱相比，双谱不仅可以体现多普勒信号组成差异，还能抑制高斯白噪声，提高识别率。通过奇异分解计算目标多普勒的奇异谱，精确表示不同微多普勒分量对应的能量，选取特定的奇异值和对应的奇异向量，可以准确重构选定的微多普勒分量，提取相关微多普勒特征，通过机器学习实现无人机载雷达对地面目标的准确分类。

1. 基于双谱估计的典型地面车辆分类方法

（1）双谱估计理论

虽然传统的信号时频分析方法主要是傅里叶变换和短时傅里叶变换，但是这些方法非常容易被噪声干扰。高阶谱方法能够较好地分析非线性、非高斯信号，同时抑制高斯噪声，被广泛应用于信号分析识别。高阶谱是通过高阶统计量来定义的，目前高阶统计量的研究主要集中在三阶累积量，也就是双谱。文献[1]提出了一种基于双谱幅值和相位重构的地震子波提取方法，大大提高了地震子波估计的稳定性。文献[2]基于深度置信网络和双谱的对角切片实现了低截获概率雷达信号的精确识别。文献[3]利用超宽带雷达，基于双谱特征实现了人体目标的准确识别。文献[4]利用双谱分析和分形维数，结合支持向量机，在一定的噪声背景下，实现了不同干扰形式下的稳定识别。

信号的双谱可以通过计算信号三阶累积量的二维傅里叶变换得到。记一维离散信号序列为 $x(t)$，则 $x(t)$ 的三阶累积量可以表示为

$$c_{3x} = E\{x(t)x(t+\tau_1)x(t+\tau_2)\} \tag{3.1}$$

那么，$x(t)$ 的双谱可以表示为

$$B_{3x}(\omega_1,\omega_2) = \sum_{\tau_1}\sum_{\tau_2} c_{3x}(\tau_1,\tau_2)\mathrm{e}^{-\mathrm{j}(\omega_1\tau_1+\omega_2\tau_2)} = \left|B_{3x}(\omega_1,\omega_2)\right|\mathrm{e}^{\mathrm{j}\varPhi(\omega_1,\omega_2)} \tag{3.2}$$

双谱一般为复数，$\left|B_{3x}(\omega_1,\omega_2)\right|$ 是幅度，$\Phi(\omega_1,\omega_2)$ 是相位，且 $B_{3x}(\omega_1,\omega_2)$ 是以 2π 为周期的双周期函数，即 $B_{3x}(\omega_1,\omega_2)=B_{3x}(2\pi+\omega_1,2\pi+\omega_2)$。此外，双谱 $B_{3x}(\omega_1,\omega_2)$ 还具有对称性，即

$$
\begin{aligned}
B_{3x}(\omega_1,\omega_2) &= B_{3x}(\omega_2,\omega_1)=B_{3x}^*(-\omega_1,-\omega_2)=B_{3x}^*(-\omega_2,-\omega_1)=B_{3x}(-\omega_1-\omega_2,\omega_2) \\
&= B_{3x}(\omega_2,-\omega_1-\omega_2)=B_{3x}(\omega_1,-\omega_1-\omega_2)=B_{3x}(-\omega_1-\omega_2,\omega_1) \\
&= B_{3x}^*(\omega_1+\omega_2,-\omega_2)=B_{3x}^*(-\omega_2,\omega_1+\omega_2)=B_{3x}^*(-\omega_1,\omega_1+\omega_2) \\
&= B_{3x}^*(\omega_1+\omega_2,-\omega_1)
\end{aligned}
\tag{3.3}
$$

当计算含有噪声信号的双谱时，用 $x(n)=s(n)+\omega(n)$ 表示离散含噪信号，其中，$\omega(n)$ 是高斯白噪声信号，$s(n)$ 是信号，$s(n)$ 和 $\omega(n)$ 相互独立，计算 $x(n)$ 的三阶累积量，可得

$$
c_{3x}(\tau_1,\tau_2)=E\{[s(n)+\omega(n)][s(n+\tau_1)+\omega(n+\tau_1)][s(n+\tau_2)+\omega(n+\tau_2)]\}
\tag{3.4}
$$

将式（3.4）展开并合并，可得

$$
\begin{aligned}
c_{3x}(\tau_1,\tau_2)=&c_{3s}(\tau_1,\tau_2)+c_{3\omega}(\tau_1,\tau_2)+E[\omega(n)][c_{2s}(\tau_1)+c_{2s}(\tau_2)+c_{2s}(\tau_2-\tau_1)]+ \\
&E[s(n)][c_{2\omega}(\tau_1)+c_{2\omega}(\tau_2)+c_{2\omega}(\tau_2-\tau_1)]
\end{aligned}
\tag{3.5}
$$

如果信号和噪声的均值均为零，则有 $c_{3x}(\tau_1,\tau_2)=c_{3s}(\tau_1,\tau_2)+c_{3\omega}(\tau_1,\tau_2)$。$\omega(n)$ 是高斯白噪声，$c_{3\omega}(\tau_1,\tau_2)$ 可以忽略不计，则 $c_{3x}(\tau_1,\tau_2)=c_{3s}(\tau_1,\tau_2)=E[s(n)\,s(n+\tau_1)s(n+\tau_2)]$，即信号的三阶累积量可以消除白噪声的影响，估计出的双谱只包含信号本身和非高斯噪声的特性。

计算信号的双谱一般有直接法和间接法。

直接法主要包括以下四步：

❶ 将离散信号序列分为 K 段，每段含 M 个观测样本，记作 $x^{(k)}(0),x^{(k)}(1),\cdots,x^{(k)}(M-1)$，相邻两段可以有重叠。

❷ 计算离散傅里叶变换系数 $X^{(k)}(\lambda)=\dfrac{1}{M}\displaystyle\sum_{n=0}^{M-1}x^{(k)}(n)\mathrm{e}^{-\mathrm{j}2\pi n\lambda/M}$，其中，$\lambda=0,1,\cdots,M$，$k=1,2,\cdots,K$。

❸ 计算 DFT 系数的三重相关：

$$
\hat{b}_k(\lambda_1,\lambda_2)=\frac{1}{\varDelta_0^2}\sum_{i_1=-L_1}^{L_1}\sum_{i_2=-L_1}^{L_1}X^{(k)}(\lambda_1+i_1)X^{(k)}(\lambda_2+i_2)X^{(k)}(-\lambda_1-\lambda_2-i_1-i_2)
\tag{3.6}
$$

式中，$k=1,2,\cdots,K$，$0 \leqslant \lambda_2 \leqslant \lambda_1$，$\lambda_1 + \lambda_2 \leqslant f_s/2$，$\Delta_0 = f_s/N_0$，$N_0$ 和 L_1 应满足 $M = (2L_1+1)N_0$。

❹ 根据 K 段双谱估计的平均值给出信号序列的双谱估计，即 $B_{3x}(\omega_1, \omega_2) = \dfrac{1}{K} \sum_{k=1}^{K} \hat{b}_k(\omega_1, \omega_2)$，其中，$\omega_1 = \dfrac{2\pi f_s}{N_0} \lambda_1$，$\omega_2 = \dfrac{2\pi f_s}{N_0} \lambda_2$。

间接法主要包括以下四步：

❶ 将离散信号序列分为 K 段，每段含 M 个观测样本，记作 $x^{(k)}(0)$，$x^{(k)}(1), \cdots, x^{(k)}(M-1)$。

❷ 计算各段三阶累积量的估计值 $c^{(k)}(i,j) = \dfrac{1}{M} \sum_{n=-M_1}^{M_2} x^{(k)}(n) x^{(k)}(n+i) x^{(k)}$ $(n+j)$，其中，$k=1,2,\cdots,K$，$M_1 = \max(0,-i,-j)$，$M_2 = \min(M-1, M-1-i, m-1-j)$。

❸ 取所有段三阶累积量的平均值作为整个观测数据组三阶累积量的估计，即 $\hat{c}(i,j) = \dfrac{1}{K} \sum_{k=1}^{K} c^{(k)}(i,j)$。

❹ 计算双谱估计 $B_{3x}(\omega_1, \omega_2) = \sum_{i=-L}^{L} \sum_{l=-L}^{L} \hat{c}(i,l) \omega(i,l) e^{-j(\omega_1 i + \omega_2 l)}$，其中，$L < M-1$。

当应用双谱估计分析信号时，需要进行复杂的二维运算，由于计算得到的双谱具有对称性，因此为了降低运算量，一般选择计算双谱的对角切片来进行信号分析。令式（3.1）中的 τ_1 等于 τ_2，则离散信号序列 $x(t)$ 三阶累积量的对角切片可以表示为

$$c(\tau) = c_{3x}(\tau, \tau) = E[x(t)x(t+\tau)x(t+\tau)] \tag{3.7}$$

计算 $c(\tau)$ 的一维傅里叶变换，可以得到离散信号 $x(t)$ 的双谱对角切片（Bispectral Diagonal Slice，BDS）为

$$\text{BDS} = \sum_{\tau=-\infty}^{\infty} c(\tau) e^{-j2\pi f \tau} \tag{3.8}$$

（2）微多普勒信号分析及特征提取

根据 2.3 节的分析，对于地面车辆，雷达回波不仅包含由车身主体和无人机机身平动产生的多普勒信号，还包括由微动部件微动产生的微多普勒调制。

地面轮式车辆雷达回波的微多普勒调制主要由车轮轮毂上的强散射点旋转产生。地面履带式车辆雷达回波的微多普勒调制较为复杂，不仅包含由主动轮、诱导轮和负重轮轮毂上强散射点旋转产生的正弦调频微多普勒信号，还包含上履带、侧边履带、底边履带平动产生的固定频率的微多普勒信号。此外，在无人机平动过程中，无人机机身的小幅随机振动也会对雷达目标回波产生额外的微多普勒调制。使用传统的傅里叶变换对信号进行分析，仅能体现信号在频域的分布，噪声的影响无法消除。由于双谱估计能够较好地抑制高斯噪声信号，因此可使用双谱估计方法对图 2.15 所示的地面轮式车辆多普勒信号和图 2.16 所示的地面履带式车辆多普勒信号进行分析。

　　图 3.1 是运用直接法对无噪声时地面轮式车辆多普勒信号进行双谱估计的结果。由图可知，双谱对角切片主要包含由轮式车辆和无人机平动引起的多普勒分量以及车轮旋转产生的微多普勒分量，无人机机身随机振动产生的微多普勒分量在整个频域随机分布，类似于噪声，被一定程度地抑制，同时地杂波主要集中在零频附近，在双谱估计中被抑制，增加了微多普勒分量的区分度。图 3.2 是运用直接法对无噪声时地面履带式车辆多普勒信号进行双谱估计的结果。由图可知，双谱对角切片主要包含由履带式车辆和无人机平动引起的多普勒分量、履带旋转部分产生的微多普勒分量和履带平动部分产生的微多普勒分量，无人机机身随机振动产生的微多普勒分量和地杂波在双谱估计中被抑制。与轮式车辆相比，履带式车辆更复杂的微动调制使双谱估计对角切片具有更加复杂的频域分布。向多普勒信号中添加高斯白噪声，以地面轮式车辆为例，图 3.3 是信噪比（Signal-to-Noise Ratio，SNR）为 10dB 时，轮式车辆多普勒信号的双谱估计结果，对比图 3.1 可知，噪声基本被抑制，轮式车辆多普勒信号的微动调制得到了保留，有助于在后续不同信噪比条件下轮式车辆和履带式车辆的精确分类识别。

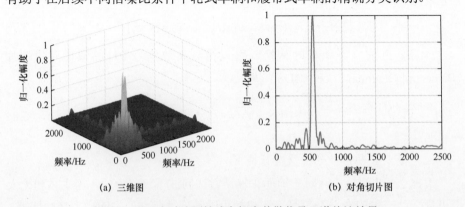

(a) 三维图　　　　　　　　　　(b) 对角切片图

图 3.1　无噪声时地面轮式车辆多普勒信号双谱估计结果

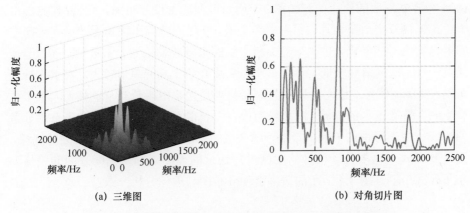

(a) 三维图   (b) 对角切片图

图 3.2 无噪声时地面履带式车辆多普勒信号双谱估计结果

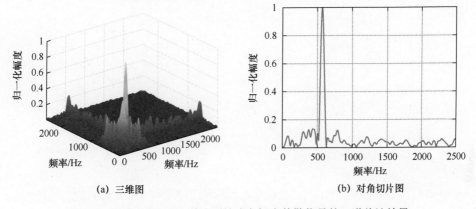

(a) 三维图   (b) 对角切片图

图 3.3 信噪比为 10dB 时地面轮式车辆多普勒信号的双谱估计结果

根据上面的分析,轮式车辆和履带式车辆之间不同的微动调制使多普勒双谱估计结果具有不同的频域分布。下面将提取几种特征来描述轮式车辆和履带式车辆在双谱对角切片上的差异。

特征一为双谱对角切片最高峰与次高峰的差值。用 $\boldsymbol{D} = (d_1, d_2, \cdots, d_N)$ 表示地面车辆目标多普勒信号的双谱对角切片, $\max(\boldsymbol{D})$ 表示双谱对角切片的最大值, $\max_{\text{nd}}(\boldsymbol{D})$ 表示双谱对角切片的次大值,则特征一的定义为

$$F_1 = \max(\boldsymbol{D}) - \max_{\text{nd}}(\boldsymbol{D}) \tag{3.9}$$

根据表 2.2 中的参数设置,由仿真得到 500 个轮式车辆多普勒信号样本和 500 个履带式车辆多普勒信号样本,根据式(3.9)定义的特征表达式计算这

51

1000 个样本对应的值，得到如图 3.4 所示的概率密度分布图。结合图 3.1，由于轮式车辆双谱对角切片中只有一个主峰，即代表轮式车辆和无人机平动产生的多普勒信号的谱峰，轮式车辆旋转产生的微多普勒信号分量数量虽多，但是能量较小，次高谱峰较低，轮式车辆的最高峰和次高峰差值较大。对于履带式车辆，多普勒信号双谱对角切片的最高峰也是代表由履带式车辆和无人机平动产生的多普勒信号的谱峰，次高峰为代表由履带平动部分产生的微多普勒分量的谱峰，由于履带式车辆由履带平动产生的微多普勒分量也具有较大的能量，因此履带式车辆多普勒信号的双谱对角切片的最高峰和次高峰之间的差值要小于轮式车辆。图 3.4 所示的概率密度分布图与理论分析一致。

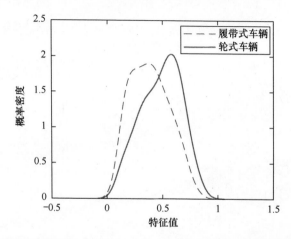

图 3.4　地面车辆多普勒信号双谱对角切片最高峰与次高峰差值的概率密度分布图

特征二为双谱对角切片的凸度。用 $\boldsymbol{D} = (d_1, d_2, \cdots, d_N)$ 表示双谱对角切片，$\max(\boldsymbol{D})$ 表示双谱对角切片的最大值，$\mathrm{mean}(\boldsymbol{D})$ 表示双谱对角切片的均值，则特征二的定义为

$$F_2 = \max(\boldsymbol{D}) \, / \, \mathrm{mean}(\boldsymbol{D}) \qquad (3.10)$$

用式（3.10）定义的特征表达式计算 1000 个样本对应的值，得到如图 3.5 所示的概率密度分布图。轮式车辆双谱对角切片中只有一个较高峰，即代表由轮式车辆和无人机平动产生的多普勒信号的最高峰，履带式车辆多普勒信号双谱对角切片的最高峰也是代表由履带式车辆和无人机平动产生的多普勒信号的谱峰，由于还有几个代表由履带平动产生的微多普勒分量的较高峰，造成履带式车辆多普勒信号双谱对角切片的均值要大于轮式车辆，因此轮式车辆多普

勒信号的双谱对角切片的最高峰和平均值的比值要大于履带式车辆。图 3.5 所示的概率密度分布图与理论分析一致。

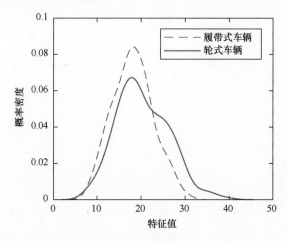

图 3.5 地面车辆多普勒信号双谱对角切片凸度的概率密度分布图

特征三为双谱对角切片的熵值。用 $\boldsymbol{D} = (d_1, d_2, \cdots, d_N)$ 表示双谱对角切片，每个谱线的概率 $P_i = d_i \left/ \sum\limits_{i=1}^{N} d_i \right.$，则特征三的定义为

$$F_3 = -\sum_{i=1}^{N} P_i \ln P_i \tag{3.11}$$

用式（3.11）定义的特征表达式计算 1000 个样本对应的值，得到如图 3.6 所示的概率密度分布。由于轮式车辆双谱对角切片中只有一个较高峰，代表由轮式车辆和无人机平动产生的多普勒信号的最高峰，因此轮式车辆多普勒信号双谱对角切片能量较为集中，履带式车辆多普勒信号双谱对角切片不仅有代表履带式车辆和无人机平动产生的多普勒信号谱峰，还有几个代表履带平动产生的微多普勒分量较高峰，造成履带式车辆多普勒信号双谱对角切片能量分布较为分散，熵值代表能量的集中程度，能量越集中，熵值越小。轮式车辆多普勒信号双谱对角切片的熵值要小于履带式车辆。图 3.6 所示的概率密度分布与理论分析结果一致。图 3.7 给出了 1000 个样本的上述三个特征的三维分布。由图可知，三个特征在三维空间上具有较好的区分度，有助于后续利用支持向量机，在三维特征空间寻找最优分类面，实现无人机载雷达对地面车辆的精确分类识别。

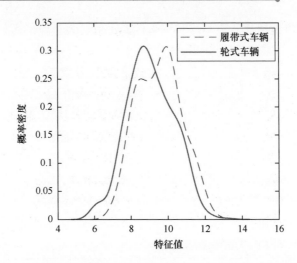

图 3.6　地面车辆多普勒信号双谱对角切片熵值的概率密度分布

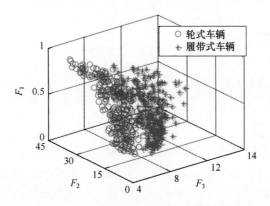

图 3.7　地面车辆多普勒信号双谱对角切片三维分布

（3）线性判决分类器与支持向量机

无人机载雷达对地面车辆目标进行识别的关键是将提取的具有高区分度的微多普勒特征，送入分类器进行分类识别。传统的分类器主要是线性判决分类器（Linear Discriminative Classifier，LDC），其中的线性判决函数产生错误的风险虽较大，但计算量较小，容易实现，是实际应用中最常用的分类器之一。近十年来，支持向量机（Support Vector Machine，SVM）得到快速发展和广泛应用，作为一种基于结构风险最小化准则的学习方法，推广能力明显优于一些传统的学习方法，在解决小样本、非线性及高维模式识别问题中表现出许多特有的优势，成为模式识别领域最成功的算法之一。

在线性判决分类器中，判决函数 $D(\boldsymbol{u})$ 是样本 $\boldsymbol{u}$ 的线性函数，具有如下形式，即

$$D(\boldsymbol{u}) = \boldsymbol{\omega}^{\mathrm{T}}\boldsymbol{u} + b \tag{3.12}$$

式中，$\boldsymbol{u}$ 是一个 N 维特征向量，也称为样本；$\boldsymbol{\omega}$ 为权向量；b 是一个常数，称为阈值。当确定权向量 $\boldsymbol{\omega}$ 和阈值 b 后，对于二分类问题的线性判决分类器就可以采用如下决策规则：给定一个测试样本 $\boldsymbol{u}$，当 $D(\boldsymbol{u}) > 0$ 时，判决 $\boldsymbol{u}$ 属于第一类；当 $D(\boldsymbol{u}) < 0$ 时，判决 $\boldsymbol{u}$ 属于第二类；当 $D(\boldsymbol{u}) = 0$ 时，可以将 $\boldsymbol{u}$ 判决为任一类或拒绝给出判决结果。显然，$D(\boldsymbol{u}) = 0$ 实际上定义了一个分界面。这个分界面将属于第一类的样本和属于第二类的样本划分开来。当 $D(\boldsymbol{u})$ 具有式（3.12）所示的线性函数形式时，$D(\boldsymbol{u}) = 0$ 定义的分界面便被称为超平面。线性判决分类器的设计是对样本进行分类的关键。线性判决分类器设计的关键就是确定式（3.12）中的权向量 $\boldsymbol{\omega}$ 和常数 b。

支持向量机的基本思想也可以用线性可分类的最优分类超平面来表示，如果存在超平面 $\boldsymbol{\omega}^{\mathrm{T}}\boldsymbol{u} + b = 0$ 使得

$$\begin{cases} \boldsymbol{\omega}^{\mathrm{T}}\boldsymbol{u_i} + b \geqslant 1, l_i = 1 \\ \boldsymbol{\omega}^{\mathrm{T}}\boldsymbol{u_i} + b \leqslant -1, l_i = -1, i = 1, 2, \cdots, K \end{cases} \tag{3.13}$$

那么称训练集 $(\boldsymbol{u_i}, l_i), i = 1, 2, \cdots, K, \boldsymbol{u_i} \in R^N, l_i \in \{-1, +1\}$ 是线性可分的。对于式（3.13），还可以写为 $l_i(\boldsymbol{\omega}^{\mathrm{T}}\boldsymbol{u_i} + b) \geqslant 1, i = 1, 2, \cdots, K$。如图 3.8 所示，根据统计学习理论，当训练样本集没有被超平面错误分开且距超平面最近的样本数据与超平面的距离最大时，超平面就是最优超平面，决策函数为

$$\tilde{f}(\boldsymbol{u}) = \mathrm{sign}(\boldsymbol{\omega}^{\mathrm{T}}\boldsymbol{u} + b) \tag{3.14}$$

式中，$\mathrm{sign}(\cdot)$ 表示符号函数。最优分类超平面的求解是使得 $2/\|\boldsymbol{\omega}\|$ 最大，也就是 $\frac{1}{2}\|\boldsymbol{\omega}\|^2$ 最小，求解过程转化为二次规划问题，即

$$\min_{\boldsymbol{\omega},b} \frac{1}{2}\|\boldsymbol{\omega}\|^2 \quad \text{s.t.} \quad l_i(\boldsymbol{\omega}^{\mathrm{T}}\boldsymbol{u_i} + b) \geqslant 1, i = 1, 2, \cdots, K \tag{3.15}$$

训练样本集是线性不可分时，引入非负松弛变量 $\delta_i, i = 1, 2, \cdots, K$，分类超平面的最优化问题转变为

$$\min_{\boldsymbol{\omega},b,\delta_i} \frac{1}{2}\boldsymbol{\omega}^{\mathrm{T}}\boldsymbol{\omega} + C\sum_{i=1}^{K}\delta_i \quad \text{s.t.} \quad l_i(\boldsymbol{\omega}^{\mathrm{T}}\boldsymbol{u_i} + b) \geqslant 1 - \delta_i, \delta_i \geqslant 0, i = 1, 2, \cdots, K \tag{3.16}$$

式中，C 是惩罚参数，C 越大，表示对错误分类的惩罚越大。采用拉格朗日因子求解式（3.16）的二次规划问题，则

$$L_{\mathrm{p}} = \frac{1}{2}\|\boldsymbol{\omega}\|^2 + C\sum_{i=1}^{K}\delta_i - \sum_{i=1}^{K}\alpha_i[l_i(\boldsymbol{\omega}^{\mathrm{T}}\boldsymbol{u}_i + b) - 1 + \delta_i] - \sum_{i=1}^{K}\beta_i\delta_i \qquad (3.17)$$

式中，α_i 和 β_i 分别是拉格朗日乘子，$\alpha_i \geqslant 0$，$\beta_i \geqslant 0$，有

$$\begin{cases} \dfrac{\partial L}{\partial \boldsymbol{\omega}} = \boldsymbol{\omega} - \displaystyle\sum_{i=1}^{K}\alpha_i l_i \boldsymbol{u_i} = 0 \\[3mm] \dfrac{\partial L}{\partial b} = -\displaystyle\sum_{i=1}^{K}\alpha_i l_i = 0 \\[3mm] \dfrac{\partial L}{\partial \delta_i} = C - \alpha_i - \beta_i = 0 \end{cases} \qquad (3.18)$$

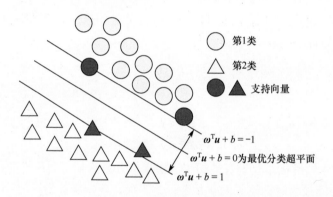

图 3.8　最优分类超平面示意图

将式（3.18）代入式（3.17），得到对偶最优化问题，即

$$\min_{\boldsymbol{\alpha}} \frac{1}{2}\boldsymbol{\alpha}^{\mathrm{T}}Q\boldsymbol{\alpha} - \boldsymbol{e}^{\mathrm{T}}\boldsymbol{\alpha} \quad \text{s.t.} \ \ 0 \leqslant \alpha_i \leqslant C, \ \ i = 1,2,\cdots,K, \ \ \boldsymbol{l}^{\mathrm{T}}\boldsymbol{\alpha} = 0 \qquad (3.19)$$

由最优化求解得到的 α_i 所对应的 $\boldsymbol{u}_i$ 就是支持向量，根据式（3.18），只有支持向量对 $\boldsymbol{\omega}$ 有贡献，也就是对最优超平面和决策函数有贡献，对应的学习方法才称为支持向量机。

实际上，多数分类问题并不是线性分类问题，而是非线性问题，此时需要通过一个非线性函数 $\psi(\cdot)$ 将训练集 u 映射到一个高维线性特征空间，并在这个线性空间构造最优分类超平面，确定分类器的决策函数。分类超平面可

以表示为 $\omega\psi(u)+b=0$，决策函数为 $\tilde{f}(u)=\mathrm{sign}[\omega\psi(u)+b]$，最优分类超平面问题为

$$\min_{\omega,b,\delta_i}\frac{1}{2}\omega^{\mathrm{T}}\omega+C\sum_{i=1}^{K}\delta_i \quad \text{s.t. } l_i(\omega^{\mathrm{T}}\psi(u_i)+b)\geqslant 1-\delta_i,\ \delta_i\geqslant 0,\ i=1,2,\cdots,K \quad (3.20)$$

与训练集线性可分时类似，得到对偶最优化问题，即

$$\max_{\alpha}\left[L_{\mathrm{D}}=\sum_{i=1}^{K}\alpha_i-\frac{1}{2}\sum_{i=1}^{K}\sum_{j=1}^{K}\alpha_i\alpha_j l_i l_j\psi(u_i)\cdot\psi(u_j)=\sum_{i=1}^{K}\alpha_i-\frac{1}{2}\sum_{i=1}^{K}\sum_{j=1}^{K}\alpha_i\alpha_j l_i l_j\varGamma(u_i,u_j)\right]$$

$$\text{s.t. } 0\leqslant\alpha_i\leqslant C\ \sum_{i=1}^{K}\alpha_i l_i=0$$

$$(3.21)$$

式中，$\varGamma(u_i,u_j)=\psi(u_i)\cdot\psi(u_j)$ 为核函数。

在支持向量机中，不同的核函数可以构造特征空间中不同类型的非线性分类面，核函数通常是直接给出的。常用的核函数主要有三种，分别是多项式核函数、高斯核函数和 Sigmoid 核函数：多项式核函数可以表示为 $\varGamma(u,u_i)=[(u,u_i)+1]^{\sigma}$；高斯核函数可以表示为 $\varGamma(u,u_i)=\exp\{-\sigma\|u-u_i\|^2\}$；Sigmoid 核函数可以表示为 $\varGamma(u,u_i)=\tanh(\sigma(u\cdot u_i)+C)$。其中，$\sigma$ 和 C 均为参数。

图 3.9 形象地描述了支持向量机工作的逻辑框架。由图可知，支持向量机的输出是若干个中间层节点的线性组合，每一个中间层节点是输入向量与一个支持向量的内积。总的来说，支持向量机通过核函数，首先将训练样本集变换到高维空间，然后在高维空间寻找最优分类超平面，具有结构简单、学习速度快、优化求解等多个特点。

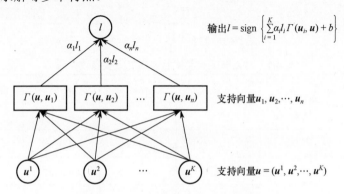

图 3.9　支持向量机工作的逻辑框架

（4）分类实验结果

为了验证双谱估计的分类性能，如图 3.10 所示，本节设计了两种实验方案来进行无人机载雷达对地面车辆目标的分类实验：在方案一中，训练样本从总样本中随机抽取，剩余样本为测试样本；在方案二中，训练样本与测试样本完全独立。方案一中的主要参数设置与表 2.2 一致，由仿真得到 500 个轮式车辆多普勒信号样本和 500 个履带式车辆多普勒信号样本，用式（3.9）、式（3.10）和式（3.11）计算这 1000 个信号样本对应的双谱对角切片特征值，随机选择 50% 的特征值送入分类器进行分类学习，剩余的特征值用于测试。方案二中的主要参数设置如表 3.1 所示，训练样本和测试样本完全独立，分别由仿真得到 500 个轮式车辆多普勒信号样本和 500 个履带式车辆多普勒信号样本，计算这 1000 个信号样本对应的双谱对角切片特征值，并将训练样本送入分类器进行学习，测试样本用于测试分类器分类性能。为了体现支持向量机（SVM）的分类性能，在分类实验中还使用了线性判决分类器（LDC）和 BP 神经网络分类器作为对比。图 3.11 描述了基于双谱估计的无人机载雷达对地面车辆分类识别流程，多普勒信号经过预处理、双谱估计、对角切片特征提取三个步骤后，将训练样本送入分类器学习，将测试样本用于分类器测试，分类器输出的结果就是最终的车辆分类结果。

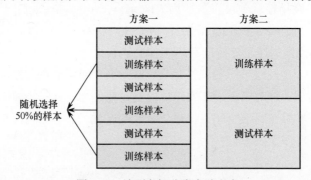

图 3.10　地面车辆分类实验方案

表 3.1　地面车辆分类实验方案二主要参数设置

类　　型		v_r/(m/s)	α/rad	β/rad	样　本　数
训练样本	轮式车辆	3～6	$\pi/6 \sim \pi/4$	$\pi/6 \sim \pi/4$	250
	履带式车辆	5～8	$\pi/4 \sim \pi/3$	$\pi/4 \sim \pi/3$	250
测试样本	轮式车辆	6～8	$\pi/4 \sim \pi/3$	$\pi/4 \sim \pi/3$	250
	履带式车辆	8～10	$\pi/6 \sim \pi/4$	$\pi/6 \sim \pi/4$	250

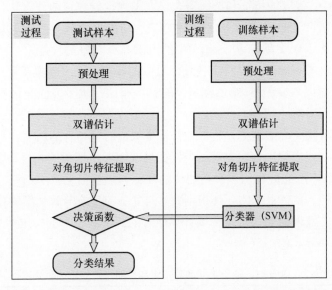

图 3.11　基于双谱估计的无人机载雷达对地面车辆分类识别流程

　　表 3.2 给出了信噪比为 20dB 时，使用不同实验方案和不同方法，基于双谱估计实现无人机载雷达对地面车辆目标的分类结果。为了证明双谱估计的优越性和鲁棒性，表 3.2 还给出了利用文献[5]中的主成分分析（PCA）、文献[6]中的特征谱散布特征、文献 [7] 中的多级小波分解（Multilevel Wavelet Decomposition，MWD）和文献 [8] 中的经验模态分解（Empirical Mode Decomposition，EMD）对地面车辆目标进行分类的结果。首先，作为线性分类器，LDC 只能构建线性分类平面，导致准确性低于 BP 神经网络和 SVM。BP 神经网络作为使用最广泛的神经网络之一，学习规则是使用最速下降法连续调整网络的权重和阈值，使平方误差最小，可以实现非线性映射，具有自学习和泛化能力。SVM 是一种基于结构风险最小化准则的机器学习方法，核函数用于将非线性问题映射为线性问题。对于 BP 神经网络，样本的变化会对其产生影响，并且可能导致学习不足或学习过度，使 BP 神经网络训练失败。SVM 的训练结果由少量样本组成的支持向量决定，样本的变化对 SVM 的分类识别率影响很小，具有比 BP 神经网络更好的性能。其次，方案一和方案二虽然均具有较高的识别率，但是与方案二中测试样本与训练样本彼此独立不同的是，在方案一中，训练样本与测试样本彼此混淆，有助于更好地训练分类器，经过训练的分类器具有更高的识别率。最后，文献[5]利用 PCA 提取微多普勒特征，文献[6]使用特征谱的散布特征，它们都只是利用了多普勒信号的能量信息。噪

声对通过 PCA 提取的特征和特征谱有很大影响，导致这两种方法分类结果的准确性不理想。文献[7]和文献[8]中的方法均是基于分解后的微动分量获得能量和幅度信息，比文献[5]和文献[6]中的方法具有更好的性能。另外，多级小波分解和经验模态分解可以将多普勒信号中的噪声与微多普勒信号分离，具有较高的识别率。与文献[5]和文献[6]中的方法相比，本节方法是根据地面车辆多普勒信号双谱对角切片之间的差异定义了三个特征。第一个特征是双谱对角切片最高峰与次高峰的差值。第二个特征是双谱对角切片的凸度。第一个特征和第二个特征代表幅度信息。第三个特征是双谱对角切片的熵值，用于描述能量分布，本节方法充分利用了对角切片的幅度和能量信息，与文献[7]和文献[8]中的方法一样，具有很好的分类识别率。与复杂的小波分解和经验模态分解相比，本节中的双谱对角切片仅需要计算信号的三阶累积量的一维傅里叶变换，计算量大大降低。

表 3.2　信噪比为 20dB 时，基于不同实验方案和不同方法的地面车辆目标的分类结果

方　　法	识别率/%		
	轮 式 车 辆	履带式车辆	综合识别率
PCA（SVM，方案一）	87.20	82.40	84.80
散布特征（SVM，方案一）	91.60	88.80	90.20
MWD（SVM，方案一）	94.60	91.80	93.20
EMD（SVM，方案一）	95.80	93.40	94.60
双谱估计（LDC，方案一）	95.20	94.00	94.60
双谱估计（BP，方案一）	95.60	95.20	95.40
双谱估计（SVM，方案一）	96.40	96.00	96.20
双谱估计（SVM，方案二）	96.00	95.60	95.80

　　此外，在车辆多普勒信号的双谱中，代表随机噪声的峰值远低于代表微多普勒信号的峰值，高斯白噪声和高斯有色噪声的三阶累积量等于零，与小波估计和经验模态分解相比，当从双谱对角切片中提取特征时，噪声的影响大大降低。由图 3.12 可知，当 SNR 仅为 10dB 时，方案一的识别率仍超过85%，证明了双谱估计出色的鲁棒性。综上所述，本节的双谱估计方法可以有效抑制高斯噪声，从双谱对角切片中提取的最高峰与次高峰差值、凸度和熵值三个特征量不仅利用了幅度信息，还体现了双谱对角切片的能量分布，

能够有效反映轮式车辆和履带式车辆的微动差异。实验结果表明，基于支持向量机和双谱估计方法可以实现无人机载雷达对地面车辆目标的精确分类识别。

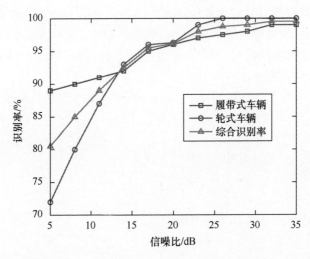

图 3.12　不同信噪比下，使用方案一，基于双谱估计的地面车辆分类结果

2. 基于奇异谱的典型地面车辆分类方法

根据 2.3 节的分析，履带式车辆的微动结构比轮式车辆的微动结构复杂得多，履带式车辆的雷达回波不仅包含由履带旋转部分产生的正弦调频微多普勒调制，还包含由上履带、侧边履带和底边履带等履带平动部分产生的固定频率微多普勒调制。前文中的双谱估计方法主要是在频域上分析了多普勒信号的分量组成，通过将提取的表征双谱对角切片谱峰幅值和能量分布的特征量送入支持向量机来实现地面车辆分类。由于这种方法没有充分利用由履带式车辆和轮式车辆的结构区别导致的微动分量差异，因此基于双谱估计的地面车辆分类识别方法虽然能够利用高斯白噪声三阶累积量为零的特点提升识别率，但是与现有方法相比，识别率提升有限。事实上，在履带式车辆上，由履带产生的微多普勒调制和侧边履带产生的微多普勒调制可以用作区分轮式车辆和履带式车辆的重要依据，寻找一种能够分离和表征地面车辆不同微动结构产生的微多普勒分量的分析方法很有必要。

（1）奇异分解与重构原理

作为线性代数领域重要的数学矩阵分解方法，奇异分解（Singular Value Decomposition，SVD）在统计和信号处理中具有广泛的应用。与傅里叶变换和小波变换将给定的信号分解为一组基函数不同的是，SVD 根据信号分量能量在总信号能量中所占的比例分离信号。与将给定信号分解为多个称为本征模函数（Intrinsic Mode Function，IMF）的基本函数的经验模态分解（EMD）相比，SVD 直接依次分解具有最大能量比重的分量。当前的研究主要集中在信号的分解过程上，仅使用奇异值。实际上，通过选择特定的奇异值和相应的奇异向量，可以重建所需的信号分量，重建过程被称为奇异重构（Singular Value Recontruction，SVR）。

记离散信号序列为 $x_i (i=1,2,\cdots,N)$，H 是维数，构造 Hankel 矩阵为

$$A = \begin{bmatrix} x_1 & x_2 & \cdots & x_H \\ x_2 & x_3 & \cdots & x_{H+1} \\ \vdots & \vdots & \ddots & \vdots \\ x_{N-(H-1)} & x_{N-H+2} & \cdots & x_N \end{bmatrix} \qquad (3.22)$$

对 Hankel 矩阵 A 进行奇异分解，有

$$A_{(N-(H-1))\times H} = U_{(N-(H-1))\times(N-(H-1))} S_{(N-(H-1))\times H} V_{H\times H}^{\mathrm{T}} \qquad (3.23)$$

式中，U 和 V 均是奇异向量矩阵；奇异值矩阵 S 的对角线元素就是奇异值 $\delta_i (i=1,2,\cdots,H)$，且 $\delta_1 \geqslant \delta_2 \geqslant \cdots \geqslant \delta_H \geqslant 0$，$S$ 的其他元素为零，δ_i 代表除去 $\delta_1,\delta_2,\cdots,\delta_{i-1}$ 所代表的信号分量，剩余信号中具有最大能量的信号分量。

选择合适的奇异值 $\delta_j (j \in [p,q]$，$1 \leqslant p \leqslant q \leqslant H)$ 以及对应的奇异向量，Hankel 矩阵 A_{re} 可以被重构为

$$A_{\mathrm{re}} = U(:,:)S(:,p:q)V^{\mathrm{T}}(:,p:q) \qquad (3.24)$$

式中，$U(:,:)$ 代表整个奇异向量矩阵 U；$V(:,p:q)$ 代表奇异向量矩阵 V 的全部行和第 p 到 q 列，$S(:,p:q)$ 也是如此。结合式（3.22）和式（3.24），通过提取矩阵 A_{re} 的第一列和最后一行的元素，可以重构需要的信号分量。

综上所述，奇异分解与重构的步骤如下：

❶ 重新排列离散信号序列 $X = (x_1,x_2,\cdots,x_N)$，构造 Hankel 矩阵 A；

❷ 根据 $A=USV^{\mathrm{T}}$ 对 Hankel 矩阵 A 进行奇异分解；

❸ 分析奇异值矩阵 S 的对角线元素 $\delta_i (i=1,2,\cdots,H)$ 的分布，选择需要的奇异值 $\delta_j (j \in [p,q], 1 \leqslant p \leqslant q \leqslant H)$；

❹ 根据式（3.24）重构 Hankel 矩阵 A_{re}；

❺ 提取矩阵 A_{re} 的第一列和最后一行元素获得重构信号。

（2）微多普勒信号分析及特征提取

根据上述步骤，对图 2.15 和图 2.16 中的地面车辆多普勒进行奇异分解，结果如图 3.13 所示。轮式车辆仅具有两个较大的奇异值：一个代表地杂波；另一个代表多普勒分量。履带式车辆由于更复杂的微多普勒调制，因此具有更多的大奇异值。对于轮式车辆，分布在频谱上旋转微多普勒分量的能量远远小于多普勒分量的能量，代表旋转微多普勒分量的奇异值均很小。对于履带式车辆，除了地杂波和多普勒分量的能量较大，由上履带、侧边履带和底边履带引起的固定频率的微多普勒分量的能量也较大，具有数个较大的奇异值。代表由履带旋转部分引起的微多普勒分量的奇异值与轮式车辆情况类似，奇异值也较小。此外，如图 3.13（b）和（c）所示，轮式车辆第一个左奇异向量的幅度变化是周期性的，其他与履带式车辆的奇异向量无明显差异。

在地面车辆的奇异值谱中，第一个奇异值代表地杂波，第二个奇异值代表多普勒分量，剩余的奇异值代表由车辆旋转部件引起的微多普勒分量和无人机机身随机振动引起的微多普勒分量。选择第二个奇异值 δ_2 和对应的奇异向量，根据式（3.22）和式（3.24），可以重构多普勒分量 x_D，令第一个和第二个奇异值为零，选择剩余的奇异值 $\delta_h(h=3,4,\cdots,H)$ 和对应的奇异向量，可以重构去除地杂波后的微多普勒分量 x_{mD}。重构的信号频谱如图 3.14 所示，不仅地杂波被抑制，而且多普勒信号和微多普勒信号也被准确分离。

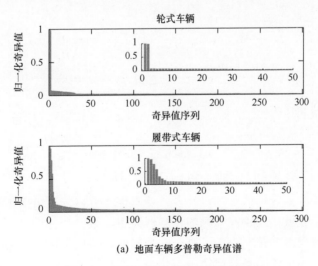

(a) 地面车辆多普勒奇异值谱

图 3.13　地面车辆多普勒奇异分解结果

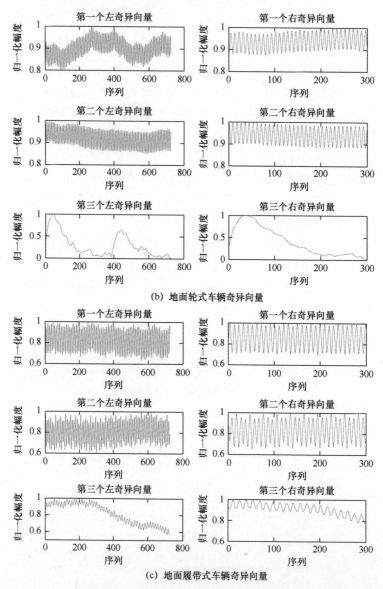

(b) 地面轮式车辆奇异向量

(c) 地面履带式车辆奇异向量

图 3.13　地面车辆多普勒奇异分解结果（续）

　　除了分离微多普勒信号，奇异分解与重构还可以分离由指定微动部件产生的微多普勒分量。在轮式车辆的奇异值谱中，第一个奇异值代表地杂波，第二个奇异值代表多普勒分量，剩余的奇异值均是代表旋转和振动微多普勒分量。在履带式车辆的奇异值谱中，第一个奇异值代表地杂波，第二个奇异值代表多普勒分量，第三个较大的奇异值代表由上履带引起的微多普勒分量，第四个较大的奇异值代表由侧边履带引起的微多普勒分量，第五个较大的奇异值代表由底边履带引起的微多普勒分量，剩下的奇异值代表由履带旋转引起的微多普勒分量和无人机机身随机振动引起的微多普勒分量，选取指定的奇异值和对应的奇异向量，根据式（3.22）和式（3.24），便可以重构由上履带引起的微多普勒分量、侧边履带引起的微多普勒分量、底边履带引起的微多普勒分量和履带旋转以及无人机机身随机振动引起的微多普勒分量。基于奇异分解与重构得到的地面车辆各微多普勒分量的频谱如图 3.15 所示。由图可知，各微多普勒信号被准确分离，可有助于后续提取高区分度微多普勒特征，实现地面车辆精确分类识别。

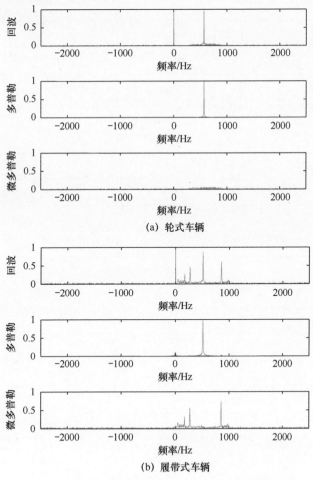

图 3.14　地面车辆多普勒分量与微多普勒分量重构结果

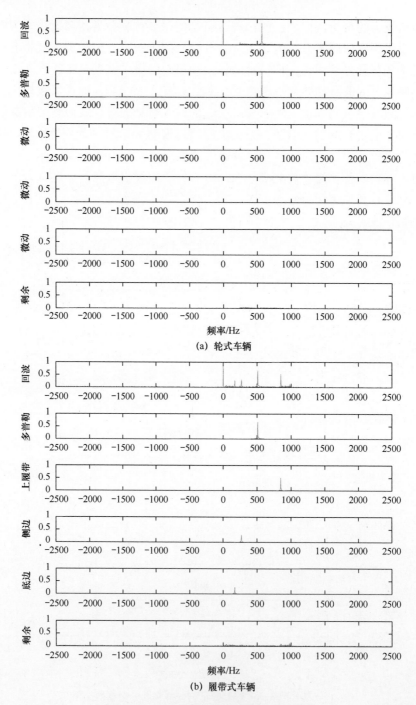

图 3.15　地面车辆各微多普勒分量的频谱

根据上述分析，由于奇异分解与重构可以分离轮式车辆和履带式车辆多普勒信号中指定的微多普勒信号分量，因此定义如下特征来描述两种车辆的微多普勒调制差异。

特征一（feature1）是奇异谱的熵值，定义为

$$\text{entropy}[\delta] = -\sum_{i=1}^{H} p_i \ln p_i \tag{3.25}$$

式中，entropy[·] 代表信息熵；δ 是由 H 个奇异值组成的奇异谱；$p_i = \delta_i / \sum_{i=1}^{H} \delta_i$ 代表第 i 个奇异值 δ_i 在奇异谱中所占的比重。

根据表 2.2 中的参数设置，由仿真得到 500 个轮式车辆多普勒信号样本和 500 个履带式车辆多普勒信号样本，图 3.16（a）给出了对这 1000 个信号样本进行奇异分解与重构处理后提取的 feature1 概率分布。由于轮式车辆多普勒信号中只有地杂波和平动多普勒分量的能量较大，车轮旋转和无人机机身随机振动引起的微多普勒分量能量较小，奇异值的大小又与其代表的信号分量能量有关，因此轮式车辆的奇异谱只有两个较大的奇异值，奇异值谱的能量较集中，奇异值谱的熵值较小。对于履带式车辆，除了地杂波和多普勒分量，由履带平动部分引起的微多普勒分量能量同样较大。与轮式车辆相比，履带式车辆奇异值谱中较大的奇异值数量较多，奇异值谱能量较分散，也就是说履带式车辆的奇异值谱的熵值较大。

特征二（feature2）是奇异向量的最大值与均值的比值，定义为

$$\max[\boldsymbol{u}] / \text{mean}[\boldsymbol{u}] \tag{3.26}$$

式中，$\boldsymbol{u}$ 是第一个左奇异向量；max[·] 代表取最大值；mean[·] 代表取均值。根据图 3.13，轮式车辆的第一个左奇异向量随时间成正弦周期变化，相比履带式车辆，均值更小，最大值与均值的比值大于履带式车辆。图 3.16（b）给出了对 1000 个地面车辆多普勒信号样本进行奇异分解与重构处理后提取的 feature2 概率分布，与上述理论分析一致。

特征三（feature3）是多普勒谱的能量值，定义为

$$\text{energy}[\boldsymbol{M}] = \sum_{i=1}^{N} m_i^2 \tag{3.27}$$

式中，energy[·] 代表信号的能量值；$M = (m_1, m_2, \cdots, m_N)$ 为地面车辆多普勒信号的归一化频谱。由于履带式车辆的多普勒信号中包含更加复杂的微多普勒调制，因此微多普勒信号分量的频谱谱值更大，轮式车辆除了多普勒信号分量，旋转微多普勒分量和振动微多普勒分量的谱线幅值均较小，使得履带式车辆的 feature3 大于轮式车辆。图 3.16（c）给出了对 1000 个地面车辆多普勒信号样本进行奇异分解与重构处理后提取的 feature3 的概率分布，与上述理论分析一致。

特征四（feature4）是微多普勒谱的能量值，定义为

$$\text{entropy}[M_{\text{mD}}] = -\sum_{i=1}^{N} p_{\text{mD}_i} \ln p_{\text{mD}_i} \tag{3.28}$$

式中，entropy[·] 代表信息熵；$M_{\text{mD}} = (m_{\text{mD}_1}, m_{\text{mD}_2}, \cdots, m_{\text{mD}_N})$ 为车辆多普勒信号中的微多普勒分量 X_{mD} 的归一化频谱；$p_{\text{mD}_i} = m_{\text{mD}_i} / \sum_{i=1}^{N} m_{\text{mD}_i}$。履带式车辆的微多普勒调制更为复杂，微多普勒信号的能量主要分散在几个较大的微多普勒分量上，而轮式车辆的微多普勒调制主要是车轮引起的旋转微多普勒调制，能量相对集中，微多普勒谱的熵值反而较小，即轮式车辆的 feature4 要小于履带式车辆。图 3.16（d）给出了对 1000 个地面车辆多普勒信号样本进行奇异分解与重构处理后提取的 feature4 的概率分布，与上述理论分析一致。

特征五（feature5）是多普勒谱与微多普勒谱的峰值比，定义如下：

$$\frac{\max[M_{\text{D}}]}{\max[M_{\text{mD}}]} \tag{3.29}$$

式中，max[·] 表示最大值；M_{D} 为车辆多普勒信号中的多普勒分量 X_{D} 的归一化频谱；M_{mD} 为车辆多普勒信号中的微多普勒分量 X_{mD} 的归一化频谱。根据图 3.14 的结果可知，轮式车辆的微多普勒信号归一化频谱的最大值远远小于其多普勒信号归一化频谱的最大值，而履带式车辆，由于其上履带引起的微多普勒分量占较大比重，上履带引起的微多普勒信号分量的频谱幅值接近多普勒信号分量的频谱幅值，因此履带式车辆的 feature5 要小于轮式车辆。图 3.16（e）给出了对 1000 个地面车辆多普勒信号样本进行奇异分解与重构处理后提取的 feature5 的概率分布，与上述理论分析一致。

特征六（feature6）是能量和达到多普勒谱总能量 85%时需要信号分量的个数，定义为

$$\text{Nu s.t.} \quad \frac{\sum_{i=1}^{Nu} \text{energy}[\boldsymbol{M}_i]}{\text{energy}[\boldsymbol{M}_\text{e}]} \geqslant 85\% \qquad （3.30）$$

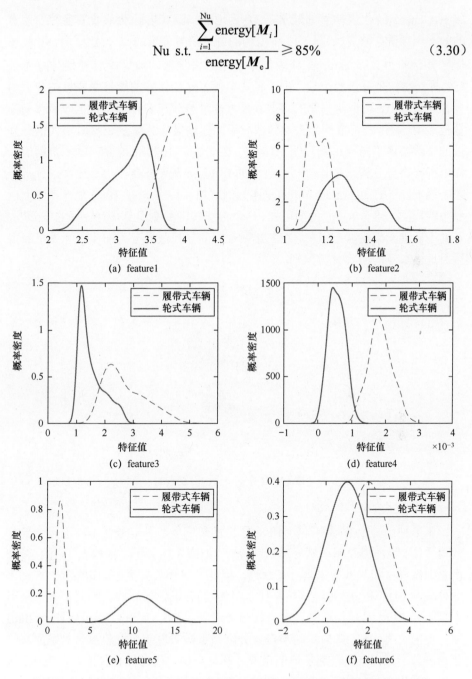

图 3.16　地面车辆多普勒信号奇异分解与重构处理后的微多普勒特征概率密度

式中，energy[·] 代表信号的能量；M_e 为地面车辆在去除地杂波后多普勒信号的归一化频谱；M_i 表示图 3.15 中重构的各个信号分量的归一化频谱；Nu 代表信号分量的个数。feature6 代表能量和达到去除地杂波后多普勒信号总能量85%时需要信号分量的个数。由于轮式车辆多普勒信号的能量主要集中在平动多普勒信号上，履带式车辆的多普勒信号能量分散在多普勒和几个微多普勒分量上，因此履带式车辆达到去除地杂波后多普勒信号总能量85%时需要信号分量的个数要多于轮式车辆。图 3.16（f）给出了对 1000 个地面车辆多普勒信号样本进行奇异分解与重构处理后提取的 feature6 概率分布，与上述理论分析一致。以 feature1、feature3 和 feature4 为例，图 3.17 给出了 1000 个样本的上述三个特征的三维分布图。由图可知，三个特征在三维空间上具有较好的区分度，有助于后续利用支持向量机，在三维特征空间寻找最优分类面实现无人机载雷达对地面车辆的精确分类识别。

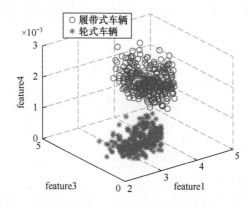

图 3.17 地面车辆多普勒信号奇异分解与重构后提取的三个特征的三维分布图

（3）分类实验结果

本节使用与上节中相同的 1000 个地面车辆多普勒信号样本，进行奇异分解与重构、特征提取和车辆分类识别，流程如图 3.18 所示。根据表 3.2 的结果，由于训练样本和测试样本具有关联性，因此方案一具有更好的识别率。此外，与 LDC 和 BP 神经网络相比，SVM 的分类效果最佳。因此，本节采用方案一和 SVM 对地面车辆目标进行分类识别。表 3.3 给出了当信噪比为 20dB时，使用方案一和 SVM，基于奇异分解与重构实现无人机载雷达对地面车辆目标的分类识别结果。为了证明奇异分解与重构的优越性和鲁棒性，表 3.3 还给出了利用主成分分析（PCA）、特征谱散布特征、多级小波分解（MWD）和经验模态分解（EMD）以及 3.2 节中的双谱估计方法来对地面车辆目标进行分类识别的结果。

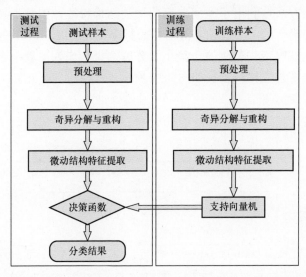

图 3.18　基于奇异谱的无人机载雷达对地面车辆分类识别流程

表 3.3　当信噪比为 20dB 时，基于方案一、SVM 的地面车辆目标分类识别结果

方　　法	识别率/%		
	轮式车辆	履带式车辆	综合识别率
PCA	87.20	82.40	84.80
散布特征	91.60	88.80	90.20
MWD	94.60	91.80	93.20
EMD	95.80	93.40	94.60
双谱估计	96.40	96.00	96.20
奇异分解与重构	99.60	99.20	99.40

　　PCA 和散布特征只是利用多普勒信号的能量信息，噪声对通过 PCA 提取的特征和特征谱散布特征也有较大影响，识别率最低。双谱估计的主要优势在于抑制地杂波和噪声的影响，在信噪比不佳的情况下，与 MWD 和 EMD 相比具有一定的优势。在信噪比较高时，双谱估计、MWD 和 EMD 的识别率虽然接近，但是双谱估计的计算量更小，不需要复杂的分解与重构过程。本节的奇异分解与重构方法，通过分解与重构不同部件产生的微动分量，较好地利用了地面车辆的微动结构特征，通过令代表地杂波和噪声的奇异值归零，抑制了地

杂波和噪声，具有比双谱估计更高的识别率。虽然 MWD、EMD 和本节的奇异分解与重构方法均利用了地面车辆的微动结构特征，但是小波分解的等效滤波器是预先确定的，不适应输入信号的频率变化。图 3.19 中的（a）和（b）给出了不同速度履带式车辆的一级小波分解结果，作为比较，在同样速度下 EMD、奇异分解与重构结果也如图 3.19 所示。

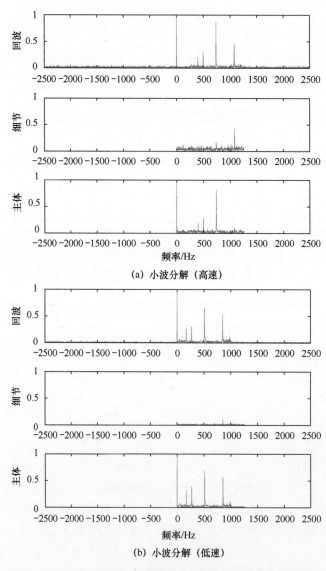

（a）小波分解（高速）

（b）小波分解（低速）

图 3.19　具有不同速度的履带式车辆多普勒信号处理结果

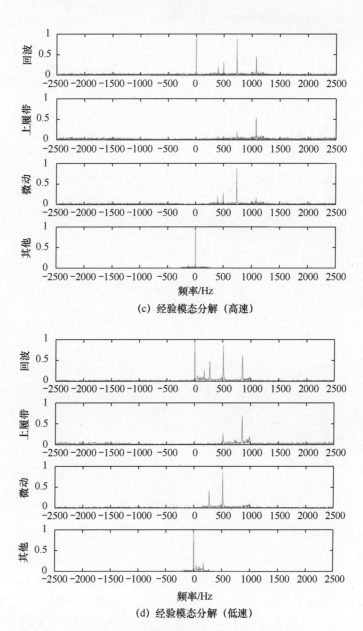

(c) 经验模式分解（高速）

(d) 经验模式分解（低速）

图 3.19 具有不同速度的履带式车辆多普勒信号处理结果（续）

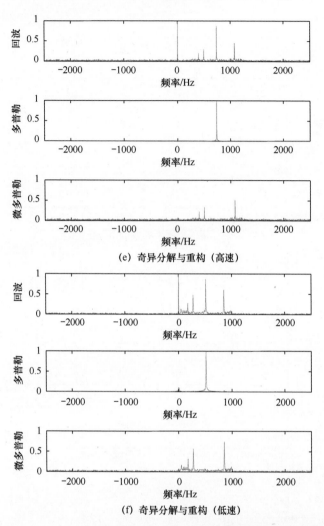

(e) 奇异分解与重构（高速）

(f) 奇异分解与重构（低速）

图 3.19　具有不同速度的履带式车辆多普勒信号处理结果（续）

　　显然，当履带式车辆运动速度较低时，小波分解不能分解由上履带引起的微动分量，EMD 仍具有完美效果。另外，低速不会影响奇异分解与重构中多普勒分量和微多普勒分量的分离。与 EMD、奇异分解与重构相比，MWD 的识别率较低。

　　使用与图 3.15 中相同的车辆多普勒信号，图 3.20 给出了对地面车辆多普勒进行 EMD 处理后得到。由图可知，由于 EMD 可以像自适应带通滤波器一样分离频带，奇异分解与重构根据信号分量在总能量中的比例来分离信号分量，因此 EMD 只能获得特定频带内的信号分量，意味着不同的微多普勒分量仍然相互调制，是奇异分解与重构可以根据需求提取指定信号分量，意味着不

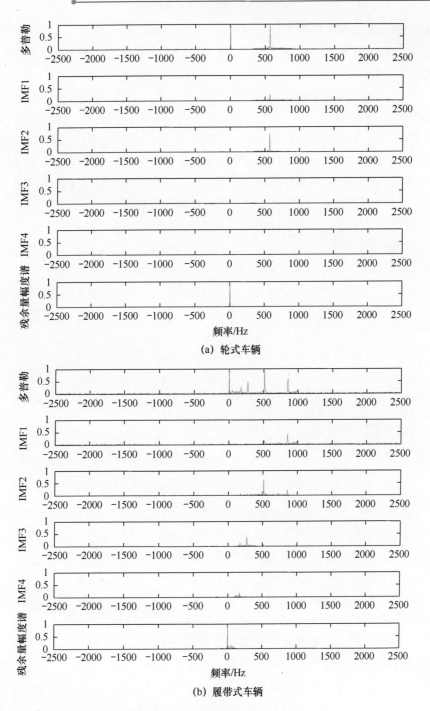

(a) 轮式车辆

(b) 履带式车辆

图 3.20　地面车辆 EMD 处理结果

仅可以利用不同微多普勒信号之间的调制关系和微动结构特征，还可以使用特定微多普勒信号本身的能量幅度等信息进行地面车辆分类。因此，本节方法比 EMD 具有更高的识别率。

为了验证基于奇异分解与重构的无人机载雷达对地面车辆分类识别方法的鲁棒性，图 3.21 给出了在不同信噪比下方案一的分类结果。由图可知，随着信噪比的提高，识别率不断上升。与代表多普勒分量和主要微多普勒分量的奇异值相比，代表高斯噪声的奇异值很小。本节方法利用基于奇异谱和信号分量的幅度能量特征对地面车辆进行分类，在这种情况下，高斯噪声的影响大大减小。当 SNR 增加到−4dB 时，方案一的识别率已超过 96%，证明了该方法具有良好的鲁棒性。

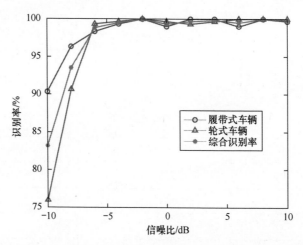

图 3.21　在不同信噪比下，基于奇异分解与重构的地面车辆分类结果

综上所述，无人机载雷达对包括轮式和履带式车辆在内的地面车辆目标进行准确分类识别是实现无人机对地面车辆目标精确攻击的前提。轮式车辆在运动过程中，除由车身平动产生的多普勒分量外，车轮的旋转还会在回波信号中产生正弦调频的微多普勒调制。履带式车辆的微动主要是履带的平动和旋转。轮式车辆车轮上的散射点虽多，但是散射能力不强，多普勒信号中的旋转微多普勒能量较弱。履带式车辆平动部分数量虽少，但是散射能力较强，多普勒信号中由履带平动部分产生的固定频率的微多普勒能量占比较高。基于地面车辆的微多普勒差异，本节分别从双谱和奇异谱角度对车辆多普勒信号进行分析，提取特定的微多普勒特征，并送入支持向量机进行训练，实现地面车辆精确分类。实验结果表明，由于地杂波和噪声的三阶累积量为零，因此双谱估计对角

切片作为三阶累积量的一维傅里叶变换，可以有效抑制地杂波和噪声，在信噪比不高的情况下，相较于传统的 PCA、散布特征、MWD、EMD 等方法，可以获得更高的识别率。当 SNR 仅为 10dB 时，使用方案一的识别率仍超过 85%，在较高的信噪比下，双谱估计需要的计算量更少，且识别率较高。奇异分解与重构是在双谱估计的基础上，进一步分离指定的微多普勒分量，不仅充分利用了微多普勒信号的幅度和能量信息，还利用了轮式车辆和履带式车辆的微动结构差异。通过令代表地杂波和噪声的奇异值为零，可以比双谱估计更为有效地去除杂波干扰。即使在信噪比只有-4dB 时，方案一的识别率也超过 96%，证明了该方法具有良好的鲁棒性。

3.2.2　基于压缩感知的无人机载雷达对地面人车分类识别

在战场环境中，以装甲车为代表的轮式车辆和以坦克为代表的履带式车辆，通常在士兵前方行进，可以保护士兵，减少士兵伤亡。为了使用无人机对地面目标进行精确打击，基于无人机载雷达实现地面人车精确分类识别是前提。3.2.1 节分别从双谱和奇异值谱的角度，通过提取凸度、熵等微多普勒信息，并送入支持向量机，实现了地面车辆精确分类。根据三种目标多普勒信号频谱，地面履带式车辆的微动调制最复杂，不仅有上履带、底边履带和侧边履带所引起的固定频率的微多普勒调制，还有履带旋转部分所引起的正弦调频的微多普勒调制。地面轮式车辆和地面行人的微动调制相对简单且比较相似，均是正弦调频的旋转微多普勒调制，区别在于：一个是由车轮上的强散射点旋转产生的，分量较多；另一个是由行人四肢的摆动产生的，分量较少。前文中的双谱估计，能够在抑制地杂波和噪声的前提下，体现多普勒信号的分量分布。对于地面轮式车辆和行人，微多普勒调制的相似性使得双谱不能体现两者多普勒信号中的微多普勒调制差异。前文中的奇异分解与重构，虽然可以选取特定的奇异值和对应的奇异向量，重构需要的分量，但是还存在两个问题。首先，除了代表由履带式车辆的上履带、底边履带、侧边履带引起的微多普勒分量的奇异值可以确定，代表旋转微多普勒分量的奇异值由于大小相似，难以一一对应，因此奇异分解与重构虽然可以准确区别轮式车辆和履带式车辆，却无法识别轮式车辆和行人。其次，由车轮上的强散射点引起的旋转微多普勒分量和由四肢上的强散射点引起的旋转微多普勒分量和主要的微多普勒分量在目标多普勒信号中总是相互调制，导致在奇异分解与重构中，在同时涉及轮式车辆和地面行人时，一些奇异值代表的信号分量意义不明确，无法准确区分轮式车辆和地面行人，必须寻找一种方法，能够在某一个变换域准确分离轮式车辆和地面行人多普勒信号中的各个旋转微多普勒分量，提取具有高区分度的微多普勒特征，实现基于无人机载雷达的轮式车辆、履带式车辆和行人三种地面目标的准确分类识别。

根据以上分析，为了分离各个旋转微多普勒分量，提高微多普勒特征区分度，可以采用压缩感知（Compressed Sensing，CS）的方法。压缩感知被广泛应用于信号处理，用于获取和重构稀疏或可压缩的信号。文献[9]以图像的稀疏表示为基础，围绕脊波变换、曲波变换、超完备稀疏表示理论等内容展开探索和研究，实现图像去噪。文献[10]提出了一种基于压缩感知理论的电能质量信号分离新方法，分离噪声的效果优于传统的基于小波去噪的阈值去噪法，信号不失真，能在采集和压缩扰动信号的同时完成去噪。文献[11]利用语音在离散余弦变换域下的稀疏性，提出了一种将混沌序列和符号函数相结合的观测矩阵，使重构分离出的语音信号的可懂度和清晰度得到大幅提升，实现了语音增强。文献[12]研究压缩感知在滚动轴承信号噪声分离中的应用，提出了能够根据信号类型自适应计算重构停止阈值的方法，在进行信号重构的同时可实现降噪。这些研究表明，压缩感知方法能够对不同信号分量进行有效分离。本章提出了一种基于压缩感知的无人机载雷达对地面人车分类识别方法：首先，为了降低地杂波对压缩感知效果的影响，利用主成分分析（PCA）的方法对多普勒信号中的地杂波进行抑制；接着，将地面目标多普勒信号进行稀疏表示，利用正交匹配追踪（Orthogonal Matching Pursuit，OMP）算法对随机投影后的信号进行重构；最后，从重构信号的频谱中提取具有高区分度的微多普勒特征，送入在解决非线性多分类问题上比支持向量机更加具有优势、由遗传算法（GA）与基于误差反向传播算法（BP）相结合的GA-BP神经网络，实现包括轮式车辆、履带式车辆和行人在内的三种典型地面目标的准确分类。

1. 压缩感知理论

压缩感知可以进行信号采样和压缩，利用信号的稀疏性，实现信号的测量和重构。只要选择合适的变换域，几乎所有的信号都可以被压缩。压缩感知理论的实现主要包括三个方面：信号的稀疏表示、信号的观测、信号的重构。

（1）信号的稀疏表示

对于离散信号 $X = [x_1, x_2, \cdots, x_N]^T$，$X$ 可以由一组正交基 $\psi = [\psi_i]_{i=1}^N$ 线性表示为

$$X = \psi\theta = \sum_{i=1}^{N} \psi_i \theta_i \qquad (3.31)$$

式中，X 和 θ 是不同变换域上的等价表示。当 θ 中只有 K 个非零元素且 $K \ll N$ 时，称 X 是 K 稀疏的。对于地面目标的多普勒信号，由于多普勒谱上只有有限个数的非零谱线，因此多普勒信号在傅里叶域是稀疏的，K 就是多普勒谱中非零谱线的个数。

当压缩感知被提出后，最先应用的是离散余弦变换（Discrete Cosine Transform，DCT）、傅里叶变换（Fourier Transform，FT）和小波变换（Wavelet Transform，WT）。除此以外，目前还有短时傅里叶变换（STFT）、脊波变换和曲线变换等压缩感知方法。表 3.4 列举了不同稀疏表示方法的优缺点，根据研究的需求和研究信号的特点，选择合适的稀疏表示方法会直接影响信号分析效果。

表 3.4　不同稀疏表示方法的优缺点

变 换 方 法	优　　点	缺　　点
离散余弦变换	能量集中在低频	不能识别局部特征
傅里叶变换	理论完善，有快速算法	不能识别局部特征
小波变换	多尺度性，能有效捕捉奇异特征	不能有效捕捉线奇异特征
短时傅里叶变换	一定的局部频率识别能力	窗口大小固定
脊波变换	多尺度性，能有效捕捉线奇异特征	非自适应变换基
曲线变换	多尺度性，多方向性，各向异性	非自适应变换基

（2）信号的观测

将离散信号 X 进行稀疏表示后，设计满足与稀疏基不相关的测量矩阵 $\phi \in R^{M-N}$，从 N 维的稀疏信号中获取 M 维的测量信号 y 即包含 M 个分量的微多普勒信号，即

$$y = \phi X = \phi\psi\theta = A\theta \qquad (3.32)$$

式中，$A = \phi\psi$ 为传感矩阵；测量矩阵 ϕ 一般采用具有一致分布的随机矩阵，如高斯随机矩阵、随机伯努利矩阵等。

（3）信号的重构

信号的重构就是从测量信号 y 中恢复出原始信号 X，必须求解式（3.32）。作为一个 NP-hard 问题，式（3.32）可以转化为一个最小 l_0 范数问题，即

$$\min\|\theta\|_0 \quad \text{s.t.} \quad y = A\theta \tag{3.33}$$

式（3.33）是一个非线性规划问题，可以转化为最小范数凸优化问题，即

$$\min\|\theta\|_1 \quad \text{s.t.} \quad y = A\theta \tag{3.34}$$

现有的信号重构算法均是基于式（3.33）和式（3.34），主要分为三种类型：第一种叫作贪婪追踪算法，主要通过在每次迭代过程中选择一个最优解来逐渐逼近原始信号，包括正交追踪（Orthogonal Pursuit，OP）算法和正交匹配追踪（OMP）算法等；第二种叫作凸松弛算法，主要通过将非凸问题转化为凸问题来求解信号的逼近，包括误差反向传播（BP）算法等；第三种叫作组合算法，主要通过对信号的采样进行分组测试，从而实现快速重建，包括傅里叶采样算法和链式追踪算法等。

2. 微多普勒信号分析及特征提取

（1）地杂波抑制

由图 2.7、图 2.15 和图 2.16 中的三种地面目标多普勒信号的频谱表明，无人机载雷达接收的回波信号包含集中在零频附近的地杂波信号，地杂波信号的强度大于由地面目标平动产生的多普勒信号分量的强度。前文中的双谱估计方法通过直流分量和高斯噪声的三阶累积量为零这一特性在双谱中有效抑制了地杂波。前文中的奇异谱方法通过令代表地杂波的奇异值为零，在重构信号中抑制了地杂波，提取了微多普勒特征，实现了地面车辆的准确分类。为了实现包括轮式车辆、履带式车辆和行人在内的三种地面目标的准确分类，本节利用压缩感知分离目标多普勒信号频谱谱线，降低了不同微多普勒调制之间的影响，同样需要在不影响零频附近微多普勒调制的前提下，有效抑制了地杂波，减少了后续计算量，提高了后续频谱谱线分离的精度。

传统的杂波抑制方法主要包括动目标显示（Moving Target Indication，MTI）滤波器、CLEAN 滤波、广义匹配滤波器（Generalized Matched Filter，GMF）等。虽然 MTI 滤波器很容易设计，但是幅频响应是非线性的，在抑制地杂波的同时，地杂波附近的微多普勒分量也会被抑制。此外，经过 MTI 滤波器抑制地杂波后，多普勒频谱幅度分布会发生改变。CLEAN 滤波虽然不是非线性的，但是需要先验信息，即需要提前明确地杂波所在的准确频率范围，频率范围过小，将无法完全滤除地杂波，频率范围过大，会使零频附近的微多普勒分量也被抑制。与 MTI 滤波器和 CLEAN 滤波相比，GMF 不需要先验信息，可

以保留零频附近的微多普勒信号，但 GMF 涉及杂波自相关矩阵及其逆矩阵的计算，计算量非常大，不利于信号的实时处理。作为线性代数领域最成功的算法之一，主成分分析（PCA）在去噪、数据压缩和信号成分分析等方面均有广泛应用。PCA 算法可以在不影响其他信号分量的前提下，提取指定的信号分量。本节采用 PCA 算法来提取并抑制地面目标多普勒信号中的地杂波分量。

对于一个具有 N 个元素的一维原始信号 $\boldsymbol{X} = [x_1, x_2, \cdots, x_N]$，均值 μ 可以表示为

$$\mu = E[\boldsymbol{X}] \tag{3.35}$$

对离散信号 $\boldsymbol{X}$ 进行去均值处理，新的信号矩阵 $\bar{\boldsymbol{X}}$ 可以表示为

$$\bar{\boldsymbol{X}} = [x_1 - \mu, x_2 - \mu, \cdots, x_N - \mu] \tag{3.36}$$

计算 $\bar{\boldsymbol{X}}$ 的自相关矩阵 $\boldsymbol{S}$，对矩阵 $\boldsymbol{S}$ 进行特征值分解，得到

$$\boldsymbol{S} = \boldsymbol{Q\Lambda Q}^{-1} \tag{3.37}$$

式中，$\boldsymbol{\Lambda}$ 的对角线元素就是特征值，将特征值序列按照降序排列，选取前 d 个特征值对应的特征向量，组成一个特征子空间为

$$\boldsymbol{Q}_{\mathrm{d}} = [q_1, q_2, \cdots, q_d] \tag{3.38}$$

式（3.38）可以被映射到信号空间，即

$$\boldsymbol{Y} = \boldsymbol{Q}_{\mathrm{d}} \boldsymbol{Q}_{\mathrm{d}}^{\mathrm{H}} \bar{\boldsymbol{X}} \tag{3.39}$$

式中，$\boldsymbol{Y}$ 是与原始信号 $\boldsymbol{X}$ 具有相同长度的一维离散信号。

根据图 2.7、图 2.15 和图 2.16，地杂波具有最大的能量，只要令最大的特征值对应的特征向量为 0，就可以在不影响附近微多普勒信号分量的同时准确抑制地杂波。

以图 2.16 中的履带式车辆的多普勒信号为例，图 3.22 给出了使用不同方法对履带式车辆多普勒信号进行地杂波抑制后得到的信号频谱。显然，MTI 滤波器直接去除了杂波分量，同时低频微多普勒分量也被完全抑制，降低了不同目标的微多普勒特征差异，影响地面目标的识别率。由于 MTI 的非线性响应，频谱中微多普勒分量的振幅会同时变化。CLEAN 滤波虽然可以在很大程度上消除杂波分量，但是需要先验信息，即杂波分量所在的近似频带，而且与地杂波分量位于相同频带的微多普勒分量也受到影响。GMF 方法和 PCA 方法类似，都可以消除杂波，不抑制附近的微多普勒分量。GMF 方法利用稳定的杂波信息来去除杂波分量，涉及杂波自相关矩阵的估计和反演，特别是

在估计杂波自相关矩阵时，需要更多的样本数据，将增加计算量和算法复杂度。当杂波特性不稳定时，PCA 方法更适合多普勒信号的实时处理。

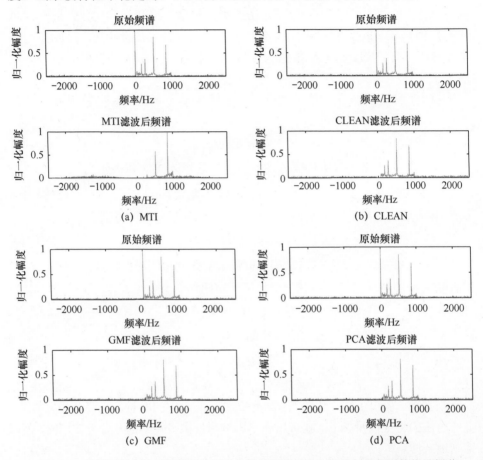

图 3.22　使用不同方法对履带式车辆多普勒信号进行地杂波抑制后得到的信号频谱

（2）压缩感知结果分析

根据图 2.7、图 2.15 和图 2.16 所示的三种地面目标的多普勒频谱，在抑制地杂波后，除了几根代表主要微动分量的谱线幅值较大外，其他大部分的谱线幅值都接近或等于零，满足稀疏条件，即地面目标多普勒信号在频域是稀疏的。本章在利用压缩感知对地面目标多普勒信号进行分析时，正交基 $\psi = [\psi_i]_{i=1}^{N}$ 选取的是傅里叶基，稀疏矩阵 ψ 为单位矩阵，测量矩阵 ϕ 是高斯矩阵，考虑到实现难度，信号重构部分采用正交匹配追踪（Orthogonal Matching Pursuit，OMP）算法，重构步骤如下：

- 输入：传感矩阵 A，测量向量 y，稀疏度 K；
- 输出：X 的 K 稀疏地逼近 $\hat{X}$；
- 初始化：残差初始值 $r_0 = y$，索引集 $\Lambda_0 = \varnothing$，$t = 1$；
- 循环执行步骤 ❶～❺：

❶ 找出残差 r 和传感矩阵的列 A_j 积的最大值所对应的脚标 λ，即 $\lambda_t = \arg\max_{j=1,2,\cdots,N} \left| < r_{t-1}, A_j > \right|$；

❷ 更新索引集 $\Lambda_t = \Lambda_{t-1} \cup \{\lambda_t\}$；

❸ 由最小二乘得到 $\hat{X}_t = \arg\min \left\| y - A_t \hat{X} \right\|^2$；

❹ 更新残差 $r_t = y - A_t \hat{X}_t$，$t = t+1$；

❺ 判断是否满足 $t > K$，若满足，则停止迭代，否则执行❶。

在先利用 PCA 方法对地面目标多普勒信号进行地杂波抑制后，再分别对轮式车辆、履带式车辆和行人的多普勒信号在傅里叶域进行压缩感知，结果如图 3.23 所示。通过比较原始频谱和压缩感知后的频谱可知，大多数微多普勒信号分量被重构，并且代表不同微多普勒信号的谱线彼此分离，从特定的微多普勒信号中提取的微多普勒特征将更具有区分性，有助于目标的准确分类。

除了细化频谱谱线，压缩感知方法还可以在重建信号时抑制噪声和无人机机身随机振动所引起的微多普勒分量。以地面履带式车辆为例，图 3.24 给出了当信噪比分别为 15dB 和 25dB 时，履带式车辆多普勒信号压缩感知处理结果。

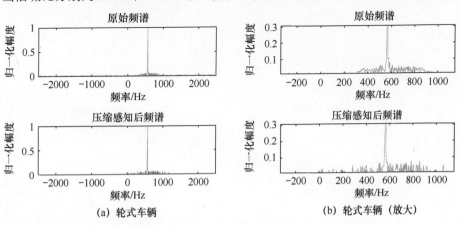

图 3.23　在无噪声时，三种地面目标多普勒信号压缩感知处理结果

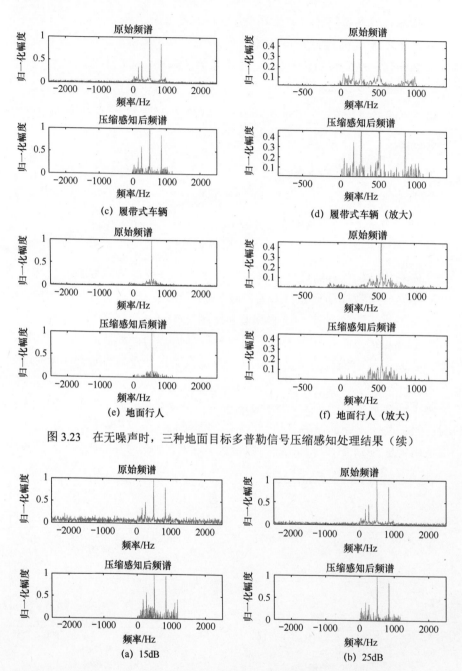

图 3.23 在无噪声时，三种地面目标多普勒信号压缩感知处理结果（续）

图 3.24 当信噪比分别为 15dB 和 25dB 时，履带式车辆多普勒信号压缩感知处理结果

在图 3.24 中，虽然因为噪声影响，代表部分微多普勒分量的谱线幅值有所变化，但是压缩感知仍然恢复了包括由上履带、侧边履带和底边履带引起的微多普勒分量，在很大程度上消除了噪声和无人机机身随机振动所引起的微多普勒分量。在这种情况下，后续提取的微多普勒特征将具有更好的识别率。

当微多普勒信息被用于目标分类时，微多普勒分量通常较弱，包含重要的分类信息。虽然 PCA 方法可抑制地杂波分量，压缩感知方法可以细化多普勒频谱，但是代表微多普勒分量的谱线幅值与代表多普勒分量的谱线幅值相比仍然太小，提高代表微多普勒分量的谱线幅值很重要。非线性变换通常用于雷达数据预处理以提高识别性能。一种典型的非线性变换是 BOX-COX 变换，定义为

$$M' = \begin{cases} M^i, & i \neq 0 \\ \log^M, & i = 0 \end{cases} \tag{3.40}$$

式中，i 是变换系数；M 是原始数据；M' 为变换后数据。i 的取值范围为-5~5，i 的不同取值代表不同的变换。现有研究主要通过最大似然估计来确定 i 的值。由于本章使用 BOX-COX 的目的仅仅是放大压缩感知后的信号频谱中代表微多普勒分量的谱线，不是使得频谱遵循正态分布，因此本章中的 i 直接被设定为 0.5，BOX-COX 变换代表平方根变换。这样，经过 BOX-COX 变换和归一化处理之后，小的频谱值虽还是小的频谱值，但更接近于大的频谱值。

对图 3.23（c）中经过压缩感知处理后的地面履带式车辆多普勒频谱进行 BOX-COX 变换，结果如图 3.25 所示。显然，代表旋转微多普勒分量的频谱谱线幅值在一定程度上有所增加，代表由上履带和侧边履带引起的微多普勒分量的频谱谱线幅值仍然是第二大和第三大，证明了 BOX-COX 变换将增加三种地面目标之间的微多普勒差异，不会改变微多普勒特征之间的幅度关系。

（3）微多普勒特征提取

根据前文的分析，PCA 算法可以在保留零频附近微多普勒信号的同时有效抑制地杂波，压缩感知可以在抑制噪声和无人机机身随机振动所引起的微多普勒信号的同时，分离频谱中原本相互调制的微多普勒信号的谱线。下面提取几种特征来描述轮式车辆、履带式车辆和行人三种地面目标多普勒信号中微多普勒调制的差异。

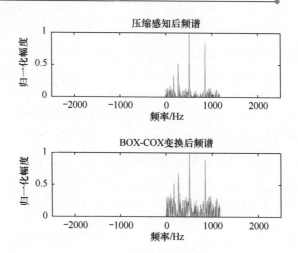

图 3.25　对地面履带式车辆多普勒信号进行 BOX-COX 变换后的频谱图

特征一定义为

$$M_{\mathrm{e}} = \frac{1}{N} \sum_{i=1}^{N} M_i \tag{3.41}$$

式中，$M_i(i=1,2,\cdots,N)$ 为目标多普勒信号的归一化频谱。根据表 2.2 中的参数设置，由仿真得到 500 个轮式车辆多普勒信号样本、500 个履带式车辆多普勒信号样本和 500 个行人多普勒信号样本，图 3.26 给出了对这 1500 个信号样本进行地杂波抑制、压缩感知处理和 BOX-COX 变换后提取的 M_{e} 概率密度分布。与轮式车辆和地面行人相比，上履带、侧边履带和底边履带的微动使履带式车辆多普勒信号中包含的微多普勒调制不仅最复杂且能量最大，由于 M_{e} 代表信号频谱的均值，因此履带式车辆的 M_{e} 是三种地面目标中最大的。轮式车辆和地面行人多普勒信号中的微动虽然同为旋转，但是地面行人的归一化多普勒频谱中的微多普勒谱线更大，M_{e} 值也更大。

特征二定义为

$$V_{\mathrm{a}} = \frac{1}{N} \sum_{i=1}^{N} (M_i - M_{\mathrm{e}})^2 \tag{3.42}$$

式中，$M_i(i=1,2,\cdots,N)$ 为目标多普勒信号的归一化频谱；M_{e} 为第一个特征，表示信号频谱的均值。图 3.27 给出了对 1500 个地面目标多普勒信号样本进行地杂波抑制、压缩感知处理和 BOX-COX 变换后提取的 V_{a} 概率密度分布。与轮式车辆和地面行人相比,履带式车辆多普勒信号中包含的微多普勒调制最复杂且能量差异最大,具有最大的方差V_a。轮式车辆和地面行人由于微动调制类似,因此V_a差异不大。

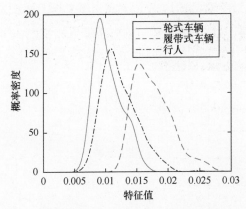

图 3.26 三种地面目标多普勒信号的M_e概率密度分布

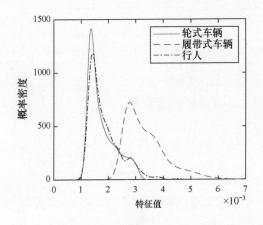

图 3.27 三种地面目标多普勒信号的V_a概率密度分布

特征三定义为

$$E_n = -\sum_{i=1}^{N} P_i \lg P_i \qquad (3.43)$$

式中,$P_i = M_i / \sum_{i=1}^{N} M_i$为目标多普勒信号归一化频谱中第$i$根谱线幅值在频谱中的占比。图 3.28 给出了对 1500 个地面目标多普勒信号样本进行地杂波抑制、压缩感知处理和 BOX-COX 变换后提取的 E_n 概率密度分布。履带式车辆多普勒信号中包含的微多普勒调制最复杂，能量差异最大，频谱能量较为分散。频谱能量越分散，对应的熵值 E_n 越大。轮式车辆和地面行人虽然微动调制类似，但是轮式车辆多普勒信号的频谱能量更加集中在平动多普勒分量上，使得轮式车辆的多普勒信号频谱的熵值 E_n 要小于地面行人。

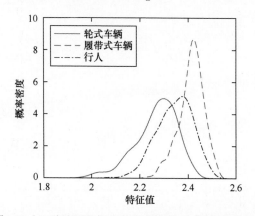

图 3.28　三种地面目标多普勒信号的 E_n 概率密度分布

　　图 3.29 给出了 1500 个样本的上述三个特征的三维分布图。由图可知，三个特征在三维空间上具有较好的区分度，有助于后续实现无人机载雷达对地面人车的准确分类识别。

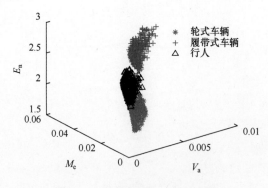

图 3.29　三个特征的三维分布图

（4）地面人车分类实验

① GA-BP 神经网络

3.2.1 节基于谱分析和 SVM 实现了无人机载雷达对地面车辆目标的准确分

类，证明了 SVM 在二分类问题上的优越性。本节将主要基于压缩感知实现地面人车分类，属于多目标非线性分类问题。若继续使用 SVM，则需要进行二层目标分类，第一层是区分行人目标和车辆目标，第二层是区分轮式车辆目标和履带式车辆目标，过程较为繁琐，且识别率与二分类问题相比会有所下降。因此，本节需要寻找一种新的分类器来实现无人机载雷达对地面人车目标的准确分类识别。

基于误差反向传播算法（BP）的 BP 神经网络，作为一种按照误差逆向传播算法训练的多层前馈神经网络，是应用最广泛的神经网络。BP 神经网络是在输入层与输出层之间增加若干层神经元。这些神经元被称为隐单元。它们虽与外界没有直接联系，但状态的改变能影响输入层与输出层之间的关系。BP 神经网络的传播过程由正向传播过程和反向传播过程组成。在正向传播过程中，输入模式从输入层经隐单元层逐层处理，并传向输出层，每一层神经元的状态只影响下一层神经元的状态。如果在输出层不能得到期望的输出，则转入反向传播，将误差信号沿原来的连接通路返回，通过修改各神经元的权值，使误差信号最小。与 SVM 相比，BP 神经网络具有很强的非线性映射能力和柔性的网络结构，网络的中间层数、各层的神经元个数可根据具体情况任意设定，并且随着结构的差异，性能也有所不同。BP 神经网络存在以下主要缺陷：学习速度慢，即使是一个简单的问题，一般也需要几百次甚至上千次的学习才能收敛；容易陷入局部极小值；网络层数、神经元个数的选择没有相应的理论指导；网络推广能力有限。

对于上述问题，已经有了许多改进措施，研究最多的就是如何加速网络的收敛速度和尽量避免陷入局部极小值的问题，其中使用最广泛的就是用遗传算法（GA）来优化 BP 神经网络的算法模型，形成 GA-BP 神经网络。在 GA 中，问题潜在解所在的种群被编码为一个染色体，接着基于自适应函数来寻找代表问题最优解的个体，然后通过迭代方式对种群进行选择、交叉和变异，形成新的种群。在若干次迭代之后，在末代种群中可以找到最优个体，对最优个体进行解码运算就可以得到问题的近似最优解。将 GA 运用在 BP 神经网络结构中权值和阈值的全局优化，能够有效提高 BP 神经网络训练的收敛速度，避免陷入局部极小值。GA-BP 神经网络流程如图 3.30 所示，主要包括以下步骤。

❶ 生成初始解的集合，将问题的解空间编码，转化为 GA 所能处理的搜索空间，使 GA 可以对其进行处理，得到网络权值和阈值。

❷ 选择适应度函数，利用适应度函数对权值和阈值进行评价，丢弃适应度低的权值和阈值，保留适应度高的权值和阈值，并进行自我复制。

❸ 在高适应度的权值和阈值中进行交叉、变异操作，基于适应度函数对权值和阈值进行评价。

❹ 若权值和阈值的最大适应值无明显变化，则 GA 终止，否则转入步骤 ❷。

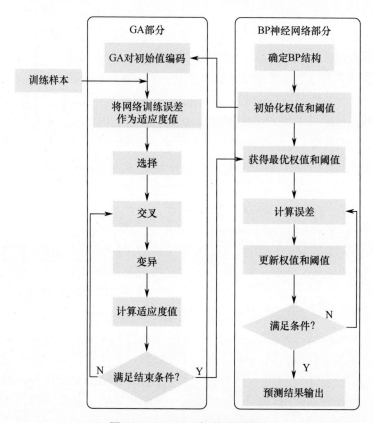

图 3.30　GA-BP 神经网络流程

② 分类结果

如图 3.31 所示，随机选择图 3.29 中计算所得的 1500 个地面目标多普勒样本的三维特征的 50%作为 GA-BP 神经网络的训练样本，剩余的为测试样本，也就是图 3.10 中的分类实验方案一。为了体现利用 PCA 算法抑制地杂波和使用压缩感知细化频谱带来识别率的提升，直接从这 1500 个样本的频谱中提取式（3.41）、式（3.42）和式（3.43）所示的三个微多普勒特征，同样随机选择50%的样本特征作为训练数据，剩余为测试数据，进行地面人车分类实验。

表 3.5 给出了信噪比分别为 5dB、15dB 和 25dB 时，经过 PCA 和压缩感知处理与不经过 PCA 和压缩感知处理，分别使用 SVM 和 GA-BP 神经网络进行人车分类的结果。如表 3.5 前两行所示，GA-BP 神经网络比 SVM 具有更高的识别率，证明 GA-BP 神经网络可以更好地解决非线性分类问题。将第二行的结果与第三行的结果进行比较，很容易发现经过 PCA 和压缩感知处理后，能够显著提高地面人车目标的识别率。由于轮式车辆和地面行人的多普勒信号频谱相似，当 SNR 为 25dB 时，轮式车辆的识别率仍然仅为 89.00%。根据前面的分析，PCA 算法和压缩感知可以大大降低噪声，即使 SNR 仅为 5dB，仍具有79.60%的综合识别率，表明微多普勒特征在经过 PCA 和压缩感知处理后，区分度得到了增强。

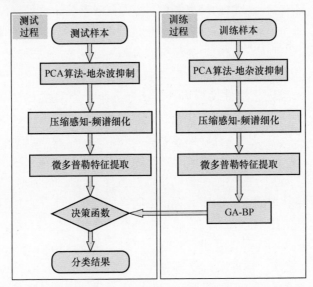

图 3.31　基于 GA-BP 和压缩感知的无人机载雷达对地面人车分类流程

表 3.5　在不同信噪比下，基于压缩感知的地面人车分类结果

实　验　类　型	轮 式 车 辆	履带式车辆	行　　人	综合识别率
不经过 PCA 和压缩感知处理 （SNR=25dB/SVM）	79.80%	89.80%	87.00%	85.53%
不经过 PCA 和压缩感知处理 （SNR=25dB/GA-BP）	81.60%	93.60%	88.40%	87.87%
经过 PCA 和压缩感知处理 （SNR=25dB/GA-BP）	89.00%	96.80%	92.80%	92.87%

续表

实 验 类 型	轮 式 车 辆	履带式车辆	行　人	综合识别率
经过 PCA 和压缩感知处理 （SNR=15dB/GA-BP）	85.60%	94.00%	89.41%	89.67%
经过 PCA 和压缩感知处理 （SNR=5dB/GA-BP）	72.00%	87.60%	79.20%	79.60%

　　为了表明压缩感知方法的优越性，表 3.6 给出了当信噪比为 15dB 时，基于 GA-BP 神经网络，采用不同方法对地面人车目标进行分类的结果。前文中的双谱估计方法，只能整体表征目标多普勒信号组成，对于多普勒信号分量差别较大的轮式车辆和履带式车辆，双谱估计可以获得较高的识别率。轮式车辆和地面行人多普勒信号双谱的高度相似性，使得双谱估计这种仅仅整体分析频谱组成而不分离和提取特定微多普勒分量的目标分类方法，识别率大大下降，是这几种方法中识别率最低的。多级小波分解（MWD）方法与双谱估计相比，虽然利用了履带式车辆上由履带引起的微多普勒分量，但是轮式车辆和地面行人的多普勒信号频谱相似性使得这种方法在人车分类问题上的识别率仍然较低。经验模态分解（EMD）方法也是如此，虽然 EMD 算法可以提供更多的轮式车辆和履带式车辆的微多普勒信息，但是仍然无法以较高识别率区分轮式车辆和地面行人，且噪声对分解效果的影响也较大。还有学者从回波时频图角度定义了一些具有高区分度的微多普勒特征，三种地面目标的识别率明显增加。因为缺乏对噪声和地面杂波的预处理，在同样的信噪比下，时频图分析的识别率仍然低于本章的压缩感知方法。前文中的奇异分解与重构算法，通过选定特定的奇异值和对应的奇异向量进行重构，可以准确提取指定微多普勒分量，而不仅仅像 EMD 算法一样提取一段频带内的微多普勒分量，且通过令代表地杂波和噪声的奇异值为零，可以降低噪声对分类结果的影响。奇异分解与重构在人车分类问题上的识别率要优于 EMD 和时频图分析方法。轮式车辆和地面行人的多普勒信号频谱相似性，会使得在提取指定的旋转微多普勒分量时，无法准确判定对应的奇异值，识别率仍然低于压缩感知方法。所有这些均证明，压缩感知方法具有出色的鲁棒性和优越性。

表 3.6　当信噪比为 15dB 时，基于不同方法的地面人车分类结果

分 类 方 法		轮 式 车 辆	履带式车辆	行　人	综合识别率
双谱估计	轮式车辆	62.00%	10.80%	27.20%	69.13%
	履带式车辆	10.20%	81.20%	8.60%	
	行人	29.80%	6.00%	64.20%	

续表

分 类 方 法		轮 式 车 辆	履带式车辆	行　　人	综合识别率
多级小波分解	轮式车辆	69.60%	5.60%	24.80%	72.93%
	履带式车辆	7.60%	83.20%	9.20%	
	行人	26.40%	7.60%	66.00%	
经验模态分解	轮式车辆	71.83%	11.67%	16.50%	78.33%
	履带式车辆	12.83%	84.00%	3.17%	
	行人	15.83%	5.01%	79.16%	
时频图分析	轮式车辆	83.83%	8.50%	7.67%	84.17%
	履带式车辆	9.83%	85.33%	4.84%	
	行人	8.83%	7.82%	83.35%	
奇异分解与重构	轮式车辆	84.00%	4.83%	11.17%	86.22%
	履带式车辆	5.50%	89.33%	5.17%	
	行人	10.17%	4.50%	85.33%	
压缩感知	轮式车辆	85.60%	4.80%	9.60%	89.67%
	履带式车辆	4.20%	94.00%	1.80%	
	行人	8.00%	2.58%	89.42%	

综上所述，由于在雷达接收的地面目标多普勒信号中包含地面杂波和环境噪声，因此轮式车辆、履带式车辆和行人三种地面目标的微多普勒特性均不够明显，不同微多普勒分量之间的相互调制进一步降低了不同目标之间的微多普勒差异。为了抑制地杂波，在频域分离不同的微多普勒分量，本节首先采用PCA 算法抑制地杂波，与传统方法（MTI、CLEAN 和 GMF）相比，PCA 算法可以使用有限的计算量来抑制地杂波分量，不会抑制零频附近的微多普勒信号；其次为了降低微多普勒分量之间的调制影响，本节使用了压缩感知来细化多普勒信号频谱，使得代表不同信号分量的频谱谱线彼此分离，在重构过程中，大部分噪声也被去除，增加了不同目标之间的微多普勒特征差异；最后本节从经过 PCA 算法和压缩感知处理后的地面目标多普勒信号频谱中提取了三个微多普勒特征，送入 GA-BP 神经网络进行地面目标分类识别。与 3.2.1 节的双谱估计和奇异分解与重构方法相比，压缩感知方法细化了频谱，可以更加准确地描述不同目标之间的微动差异，准确识别三种地面目标，尤其是轮式车辆和地面行人。当 SNR 约为 25dB 时，综合识别率已超过 92.5%，即使在低信噪比的情况下，本节方法的识别率仍高于多级小波分解、经验模态分解和时频图分析等传统方法，证明了该方法具有很好的鲁棒性和抗噪性能。

3.2.3 基于改进集合经验模态分解的无人机载雷达对地面人车分类识别

基于无人机载雷达实现地面目标的准确识别是实现无人机精确打击地面目标的前提。3.2.1 节从谱分析的角度，分别利用双谱估计和奇异分解与重构的方法，实现了地面车辆目标的精确识别。由于地面轮式车辆和行人具有相似的旋转微多普勒调制，使得谱分析的方法无法体现轮式车辆和行人的微动差异，因此 3.2.2 节提出压缩感知的方法，通过稀疏表示与重构，在抑制地杂波、去除噪声的同时，将多普勒信号的频谱细化，分离代表不同微多普勒分量的频谱谱线，实现微多普勒特征增强，准确识别了包括履带式车辆、轮式车辆和行人在内的三种地面目标。履带式车辆和轮式车辆、行人多普勒信号的最大差异是由上履带、侧边履带、底边履带平动引起的固定频率的微多普勒分量，压缩感知的方法虽然细化了频谱，增强了轮式车辆和行人的微多普勒区分度，但是没有利用由不同目标结构差异引起的微动调制。前文中的奇异分解与重构，虽然通过选择特定的奇异值和对应的奇异向量，重构出了需要的微动分量，利用了由不同目标结构差异引起的微动特征，但是由于轮式车辆和行人的频谱高度相似，还是无法准确区分，因此本节提出了一种既能够利用不同目标结构的差异性，又可以精确划分频谱、增加三种目标的微多普勒特征区分度的改进集合经验模态分解（IEEMD）方法，能够根据多普勒信号中的噪声和高频小分量的标准差自适应地调整分解参数，降低计算量。与压缩感知方法相比，IEEMD 方法进一步提高了基于无人机载雷达的地面目标识别率。

1. 经验模态分解算法

经验模态分解（EMD）是由黄锷等人在美国国家宇航局于 1998 年创造性地提出的一种适用于非线性非平稳信号处理的新型自适应信号处理方法。传统的信号处理方法，如傅里叶分解和小波分解均是将信号分解为一系列固定的谐波基函数或小波基函数的组合，而 EMD 方法则是根据信号本身的时间尺度特征来进行分解的，能使复杂信号分解为有限个本征模函数（IMF），具有自适应性，在不同的工程领域均得到广泛的应用。现有研究中也有基于经验模态分解方法对目标的微多普勒效应进行分析：文献[13]利用 EMD 算法对不同车辆的多普勒信号进行分析，提取了不同的微多普勒分量；文献[14]通过对行人的多普勒信号进行 EMD 分析，获得了一系列本征模函数，提出了相关的微多普勒特征；文献[15]通过 EMD 算法对小型无人机的多普勒信号进行分解，提取了无人机旋翼所引起的微多普勒分量，实现了无人机的分类识别。

利用 EMD 方法对信号进行分析的关键就是提取本征模函数。作为一个本征模函数，必须满足两个条件：（1）在整个时间域，被认为是本征模函数的信号，它的局部极值点和过零点的数量必须相等或者相差一个；（2）在任意时刻，被认为是本征模函数的信号，其局部最大值的包络与局部最小值的包络的平均值必须为零。在本征模函数的每一个振动周期内只有一个振动模式，可以是频率和幅值的调制，也可以是非稳态的，单由频率或单由幅值调制的信号也可成为本征模函数。综上，经验模态分解的步骤可以概括为以下几步：

❶ 给定一维离散信号 x，记中间变量信号 $\hat{x} = x$。

❷ 在信号 $\hat{x}$ 中搜索极大值点，对极大值点序列进行三次样条插值，构造出 $\hat{x}$ 的上包络 $\hat{x}_{\max}$。

❸ 在信号 $\hat{x}$ 中搜索极小值点，对极小值点序列进行三次样条插值，构造出 $\hat{x}$ 的下包络 $\hat{x}_{\min}$。

❹ 计算上包络 $\hat{x}_{\max}$ 和下包络 $\hat{x}_{\min}$ 的均值，得到均值信号 $\hat{x}_{\mathrm{mean}} = (\hat{x}_{\max} + \hat{x}_{\min}) / 2$。

❺ 从信号 $\hat{x}$ 中减去均值信号 $\hat{x}_{\mathrm{mean}}$，得到细节信号 $h = \hat{x} - \hat{x}_{\mathrm{mean}}$。

❻ 记 $\hat{x} = h$，重复步骤 ❷ 至步骤 ❻，直到 h 满足成为一个本征模函数的条件。

当得到一个本征模函数后，将该本征模函数从原信号 x 中减去，得到剩余项 $r = x - h$，将剩余项 r 作为新的待分解信号，继续上述步骤，最终得到对信号 x 进行 EMD 处理后的结果，即

$$x = \sum_{i=1}^{L} h_i + r_L \qquad (3.44)$$

式中，h_i 表示第 i 个本征模函数；r_L 为经过 L 次分解后的剩余项。

2. 集合经验模态分解算法

虽然经验模态分解可以根据信号的时间尺度，自适应地将信号分解为一系列的本征模函数，但是存在严重的模态混叠问题，即一个本征模函数内包含两个不同频率的信号分量，或者一个信号分量分布在两个本征模函数中，这将降低本征模函数的区分度，不利于后续的信号分析。为了解决经验模态分解算法的模态混叠问题，集合经验模态分解（EEMD）方法被提出。作为一种新的自

适应时频分解方法，EEMD 通过添加高斯白噪声解决了经验模态分解存在的模态混叠问题，达到了较好的信号分解和去噪效果，得到了广泛的应用。文献[16]利用 EEMD 实现了中药三维荧光光谱去噪。文献[17]采用 EEMD 算法，通过在齿轮箱故障实验台模拟齿轮的断齿、裂纹和正常等 3 种状态，提取了特征参数，判断齿轮箱的工作状态和故障形式。文献[18]是利用 EEMD 算法对地面车辆多普勒进行分解，从本征模函数中提取了 4 种特征，实现了车辆目标的准确识别。

　　EEMD 算法的实质首先是在原始信号上添加高斯白噪声，然后进行多次EMD 分解，利用不相关随机序列的统计均值为零这一特性，取各次 EMD 得到的本征模函数的均值作为最终 IMF，流程如图 3.32 所示，步骤如下：

❶ 给定一维离散信号 x，加入高斯白噪声 n_i，得到待处理信号 x_i，即 $x_i = x + n_i$。

❷ 对待处理信号 x_i 进行 EMD 处理，得到本征模函数 h_{ij}。

❸ h_{ij} 代表第 i 次加入高斯白噪声后，经过 EMD 处理后得到的第 j 个本征模函数。

❹ 每次加入不同的高斯白噪声，重复 N_T 次前面两个步骤。

❺ 对 N_T 次 EMD 分解后得到的第 j 个本征模函数进行平均得到一个全新的本征模函数 h_j，即 $h_j = \dfrac{1}{N_\mathrm{T}} \sum_{i=1}^{N_\mathrm{T}} h_{ij}$。其中，$h_j$ 代表第 j 个本征模函数。

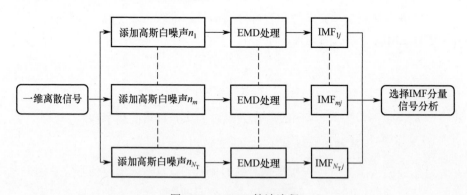

图 3.32　EEMD 算法流程

　　与 EMD 算法处理的结果相比，对信号进行 EEMD 处理后，各个本征模函数之间的混叠得到抑制，选择合适的本征模函数进行信号分析与重构即可。

3. 改进集合经验模态分解算法

虽然前文中的 EEMD 方法通过多次添加不同的高斯白噪声后进行 EMD 处理，可以有效抑制不同本征模函数之间的模态混叠，但是仍然存在以下两个问题：第一，EEMD 算法和 EMD 算法一样，无法去除噪声，在信噪比较低的时候，噪声对分解的效果影响较大；第二，EEMD 算法无法自适应调整分解参数，每次添加的高斯白噪声的标准差 e 和添加次数 N_T 主要依据经验确定，且为了保证分解效果，分解次数 N_T 往往设置得较大，增加了算法的运行时间，不利于实时处理。因此，本节提出了一种改进的集合经验模态分解（IEEMD）方法，在 EEMD 方法的基础上，对造成模态混叠的噪声和高频小分量进行估计与抑制，可以有效去除噪声，同时自适应确定添加的高斯白噪声的标准差 e 和添加次数 N_T。该方法主要分为 2 步。第 1 步是对由原始信号构成的 Hankel 矩阵进行奇异分解：一方面令代表噪声和高频小分量的奇异值为零，进行奇异重构，实现噪声与高频小分量的抑制；另外一方面，只取代表噪声和高频小分量的奇异值和对应的奇异向量进行奇异重构，实现噪声与高频小分量提取。第 2 步是根据提取到的噪声和高频小分量，计算标准差 e，进一步确定添加高斯白噪声的标准差 e 和 EEMD 分解的次数 N_T。

（1）基于奇异值差分谱的噪声与高频小分量估计与抑制

原始信号 $x_i (i=1,2,\cdots,N)$ 为一个离散序列，其中 $N=n+m-1$，构造 Hankel 矩阵 $\boldsymbol{H}$ 为

$$
\boldsymbol{H} = \begin{bmatrix} x_1 & x_2 & \cdots & x_n \\ x_2 & x_3 & \cdots & x_{n+1} \\ \vdots & \vdots & \ddots & \vdots \\ x_m & x_{m+1} & \cdots & x_{n+m-1} \end{bmatrix} \tag{3.45}
$$

式中，n 为 Hankel 矩阵 $\boldsymbol{H}$ 的维数。Hankel 矩阵 $\boldsymbol{H}$ 可以写为 $\boldsymbol{H}=\boldsymbol{D}+\boldsymbol{L}$。这里，$\boldsymbol{D}$ 代表平滑信号分量的迹矩阵，$\boldsymbol{L}$ 代表噪声和高频小分量的迹矩阵，抑制噪声和高频小分量就是要计算 Hankel 矩阵 $\boldsymbol{H}$ 的最佳近似。通常，Hankel 矩阵 $\boldsymbol{H}$ 具有 m 行和 n 列，为了使有用信号和噪声、高频小分量充分分离，m 与 n 的乘积应该尽可能大。根据基本不等式，当 $m=n$ 或 m 与 n 接近相等时，m 与 n 的乘积最大。尽管 Hankel 矩阵 $\boldsymbol{H}$ 表示为 $\boldsymbol{H}_{m \times n}$，但是在实际计算时，$\boldsymbol{H}$ 是一个方阵或近似方阵。

根据 $\boldsymbol{H}=\boldsymbol{U}\boldsymbol{S}\boldsymbol{V}^{\mathrm{T}}$ 对 Hankel 矩阵 $\boldsymbol{H}$ 进行奇异分解，其中 $\boldsymbol{U}$ 和 $\boldsymbol{V}$ 是奇异向量矩

阵，S 是奇异值矩阵，S 的对角线元素为 $\sigma_i (i=1,2,\cdots,n)$，且满足 $\sigma_1 \geqslant \sigma_2 \geqslant \cdots \geqslant \sigma_n \geqslant 0$，$S$ 的非对角线元素均等于零。Hankel 矩阵 H 的下一行总是落后于前一行一个数据点，如果没有噪声和高频小分量，Hankel 矩阵 H 两行之间的相关性非常高，经奇异分解后，相邻两行对应的奇异值差别不大。如果包含噪声和高频小分量，则由于噪声的随机性，Hankel 矩阵 H 中相邻两行数据的相关性很小，对应的奇异值差距就会较大。令 $\xi_j = \sigma_j - \sigma_{j-1} \ (j=2,\cdots,n)$，则可以获得信号的奇异值差分谱。当相邻的奇异值相差较大时，奇异值差分谱上将会出现一个峰值，峰值之后的奇异值主要代表噪声和高频小分量。令峰值之后的奇异值为零，进行奇异重构，可以去除原始信号中的噪声和高频小分量。令峰值之前的奇异值为零，进行奇异重构，可以重构原始信号中的噪声和高频小分量，计算噪声和高频小分量的标准差 d_c。以履带式车辆为例，图 3.33 给出了当信噪比为 15dB 时，原始信号和去噪后信号的时频图。显然，绝大部分噪声和高频小分量已经被抑制。

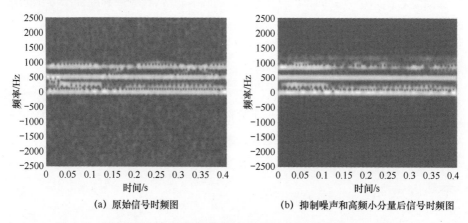

(a) 原始信号时频图　　　　　　(b) 抑制噪声和高频小分量后信号时频图

图 3.33　履带式车辆多普勒信号抑制噪声和高频小分量前后时频图对比

（2）IEEMD 算法两个主要参数的自适应选择

在 EEMD 算法中，由于添加到信号中的噪声是高斯白噪声，因此添加噪声的标准差 e 一定大于零。为了不影响原始信号中的极大值和极小值的分布，添加的高斯白噪声的上限应该是原始信号中噪声和高频小分量的标准差 d_c。高斯白噪声满足正态分布，概率分布满足 $P(|s-u|<3e)=99.73\%$。这里，u 是高斯白噪声 s 的均值。令 $3e=d_c$，则添加的高斯白噪声分布在 $-3e \sim 3e$ 的概率为 99.73%，不会影响原始信号的极值点分布，标准差 e 的范围可以缩小为 $(0, d_c/3]$。

添加的高斯白噪声的标准差 e 和 EEMD 算法分解次数 N_T 具有如下关系，即

$$N_T = \left(\frac{e}{\varepsilon}\right)^2 \tag{3.46}$$

式中，ε 代表允许的分解误差，一般取 2%。当添加的高斯白噪声的标准差 e 等于 $d_c/3$ 时，EEMD 的分解效果最佳，$N_T = (d_c/3\varepsilon)^2$。

改进的集合经验模态分解算法流程如图 3.34 所示，主要包括原始信号中噪声和高频小分量的抑制、添加的高斯白噪声的标准差 e 和添加次数 N_T 在内的两个主要参数的确定及常规 EMD 处理等三个部分。

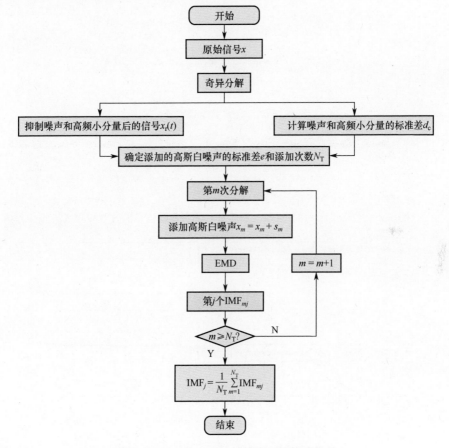

图 3.34　改进的集合经验模态分解算法流程

4. 微多普勒信号分析及特征提取

（1）微多普勒信号分析

以微多普勒调制最复杂的地面履带式车辆多普勒信号为例，图 3.35 给出了当信噪比为 15dB 时，履带式车辆多普勒信号的时域和频域波形。对图 3.35 所示的多普勒信号，分别利用 EEMD 算法和 IEEMD 算法进行分析，获得的本征模函数和对应的频谱如图 3.36 所示。由图 3.36（a）可知，虽然 EEMD 算法能够在很大程度上抑制模态混叠，但是 IMF1、IMF2 和 IMF2、IMF3 之间仍然存在微弱的模态混叠，此外，噪声仍然存在于各个本征模函数中。对比图 3.36（a）与图 3.36（b）可以发现，IEEMD 算法能够基本消除模态混叠问题，且多普勒信号中的噪声和高频小分量被完全抑制。

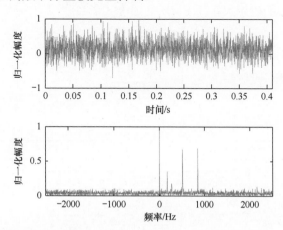

图 3.35　当信噪比为 15dB 时，履带式车辆多普勒信号的时域和频域波形

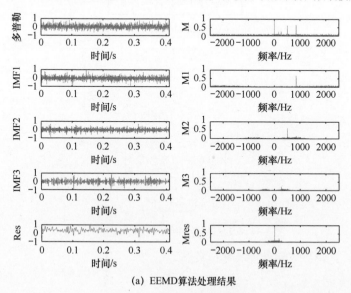

(a) EEMD 算法处理结果

图 3.36　当信噪比为 15dB 时，EEMD 和 IEEMD 算法对履带式车辆多普勒信号的处理结果

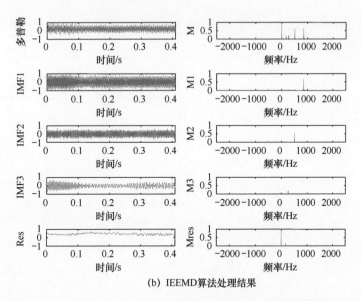

(b) IEEMD算法处理结果

图 3.36 当信噪比为 15dB 时，EEMD 和 IEEMD 算法对履带式车辆多普勒信号的处理结果（续）

　　为了衡量不同本征模函数之间的模态混叠程度，可以根据式（3.47）计算相邻本征模函数之间的相关系数，即

$$\rho_{ij} = \frac{E[(s_i(t) - E(s_i(t)))(s_j(t) - E(s_j(t)))]}{\sqrt{E[(s_i(t) - E(s_i(t)))]^2 E[(s_j(t) - E(s_j(t)))]^2}}\tag{3.47}$$

式中，$s_i(t)$ 和 $s_j(t)$ 分别代表两个不同的信号；$E[\cdot]$ 代表取均值操作。具体的结果如表 3.7 所示。其中，ρ_{ij} 代表第 i 个本征模函数和第 j 个本征模函数之间的相关系数；ρ_{3r} 代表第 3 个本征模函数和剩余量之间的相关系数。相关系数代表了两个信号的相关程度，两个信号越不相关，可以提供的信息就越多。两个相邻本征模函数的相关系数越小，代表可以提供更多的目标微多普勒信息。尽管 EEMD 算法已经在极大程度上改善了模态混叠问题，但是从计算的相关系数可以发现，IEEMD 算法具有更好的分解效果。此外，与 EEMD 算法为了保证分解效果将添加的高斯白噪声标准差设置得很大不同的是，IEEMD 算法可以根据输入信号自适应地确定添加的高斯白噪声的标准差 e，使需要的添加次数 N_T 大为减少。以 MatlabR2017b 环境为例，IEEMD 算法的运算时间仅为 EEMD 算法的约六分之一，有效提高了计算速度，有利于目标的快速识别。

表 3.7　EEMD 算法和 IEEMD 算法对履带式车辆多普勒信号处理结果的相关系数

系　　数	EEMD 算法	IEEMD 算法
ρ_{12}	0.0431	0.0068
ρ_{23}	0.1478	0.0084
ρ_{3r}	0.1742	0.0254
e	0.2	0.088
N_T	100	19
运算时间/s	6.034	1.083

　　同样，当信噪比为 15dB 时，利用 IEEMD 算法对轮式车辆和行人的多普勒信号进行处理，对应的频谱和分解结果分别如图 3.37 和图 3.38 所示，相关系数如表 3.8 所示。显然，在分解得到的各个本征模函数中，噪声和高频小分量得到了较好的抑制，不同本征模函数之间的模态混叠问题基本消除，进一步证明了 IEEMD 算法的优越性。

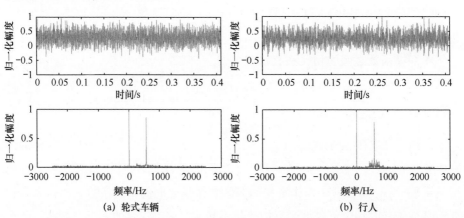

图 3.37　当信噪比为 15dB 时，轮式车辆和行人多普勒信号的时域和频域波形

（2）微多普勒分形特征提取

　　下面提取一些特征来描述轮式车辆、履带式车辆和行人三种地面目标多普勒信号经过 IEEMD 算法处理后的微多普勒调制差异。分形理论作为当今非常活跃的新学科，最早由 Benoit B. Mandelbrot 提出，被广泛应用于非线性信号的表征与分析。地面目标多普勒信号由于包含复杂的微多普勒调制，是典型的非线性信号，可以应用分形理论来表征不同目标多普勒信号经过 IEEMD 处理后的微动差异。分形理论中有许多基本的分形维数。其中，盒维数、信息维数和网格维数由于计算简单而被广泛使用：盒维数可以描述几何形状的不规则性和复杂性；信息维数

可以描述几何形状的疏密程度；对于一个一维信号而言，它的网格维数往往在 1～2 这个范围内，信号越复杂，对应的网格维数就越大。不同微多普勒信号的波形和频谱不同，由于信号的时域波形容易受到噪声的影响，频域频谱受噪声的影响较小，因此可以使用微多普勒信号幅度谱的盒维数、信息维数和网格维数作为识别特征。对一维离散信号 $x_i(i=1,2,\cdots,N)$ 进行傅里叶变换，得到频谱 $X_k(k=1,2,\cdots,N)$，对应的盒维数、信息维数和网格维数可以表示如下。

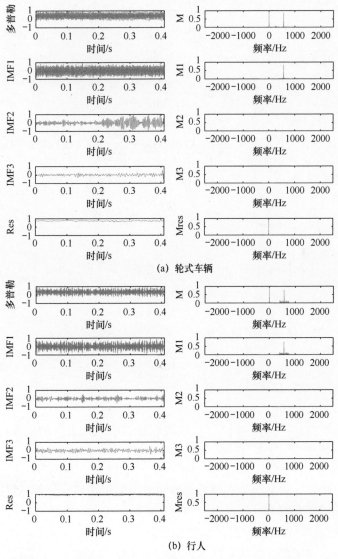

(a) 轮式车辆

(b) 行人

图 3.38　当信噪比为 15dB 时，IEEMD 算法对轮式车辆和行人多普勒信号的处理结果

表 3.8 IEEMD 算法对轮式车辆和行人多普勒信号处理结果的相关系数

系　　数	轮 式 车 辆	行　　人
ρ_{12}	0.0049	0.0028
ρ_{23}	0.0032	0.0029
ρ_{3r}	0.0016	0.0052
e	0.065	0.075
N_T	11	14

将频谱序列置于一个单位正方形中，横坐标的间隔 $\delta=1/N$，则频谱 X_k 的盒维数可以表示为

$$D_b = -\frac{\ln N_\delta(A)}{\ln(\delta)} \tag{3.48}$$

式中，$N_\delta(A) = N + \left\{ \sum_{k=1}^{N-1} \max[X(k), X(k+1)]\delta - \sum_{k=1}^{N-1} \min[X(k), X(k+1)]\delta \right\} / \delta^2$。

对于频谱序列 X_k，根据 $Y(k) = |X(k+1) - X(k)|$ 重新排列 X_k，得到一个新的序列 $Y(k)$。令 $W = \sum_{k=1}^{N-1} Y(k)$，$P_k = \dfrac{Y(k)}{W}$，则信息维数可以表示为

$$D_i = \frac{\sum_{k=1}^{N-1} P_k \lg P_k}{\lg N} \tag{3.49}$$

频谱 X_k 的网格维数可以表示为

$$D_g = \frac{\ln(N_g)}{-\ln(\Delta t)} \tag{3.50}$$

式中，$N_g = \sum_{k=1}^{N-1} \left[\left\| \left| \dfrac{X_{k+1}}{\Delta t} \right| - \left| \dfrac{X_k}{\Delta t} \right| \right\| \right]_N$，$[\cdot]_N$ 代表取最接近且大于 $[\cdot]$ 的整数；$\Delta t = 1/f_s$，f_s 为获取时域信号 $x_i (i = 1, 2, \cdots, N)$ 时的采样频率。

由于盒维数、信息维数和网格维数对信号的识别和分类都有很好的效果，因此可以根据不同的本征模函数计算分形维数，实现对地面目标的分类。根据表 2.1 和表 2.2 中的参数设置，由仿真得到 500 个轮式车辆多普勒信号样本、500 个履带式车辆多普勒信号样本和 500 个行人多普勒信号样本，对这 1500

个样本进行 IEEMD 处理，分别计算多普勒信号频谱、第一个本征模函数频谱、第二个本征模函数频谱、第三个本征模函数频谱和剩余量频谱的盒维数、信息维数和网格维数。

在分析了不同本征模函数的不同分形维数之间的差异之后，选择三个分形维数来构成三维微多普勒特征，分别是剩余量频谱的盒维数、第三个本征模函数频谱的信息维数和多普勒信号频谱的网格维数。这三个分形维数的三维分布图如图 3.39 所示。对于地面轮式车辆，其多普勒信号经过 IEEMD 处理后，剩余量只剩下地杂波和部分旋转微多普勒分量，频谱成分较为简单，具有最小的盒维数。对于履带式车辆，其多普勒信号经过 IEEMD 处理后，第三个本征模函数包含由侧边履带平动引起的微多普勒和部分旋转微多普勒，由于轮式车辆和行人的多普勒信号经过 IEEMD 处理后的第三个本征模函数只包含一些旋转微多普勒，因此履带式车辆的第三个本征模函数的频谱具有更多的谱线，频谱更密，信息维数更大。此外，履带式车辆的多普勒信号包括履带平动部分的微多普勒分量和旋转部分的微多普勒分量，轮式车辆和地面行人的多普勒信号仅涉及旋转微多普勒分量。与轮式车辆相比，由于肢体的摆动，地面行人的微多普勒分量更为复杂，因此履带式车辆和行人的多普勒信号频谱的网格维数均大于轮式车辆。综上所述，三个分形特征在三维空间上具有较好的区分度，有助于后续实现无人机载雷达对地面人车的准确分类识别。

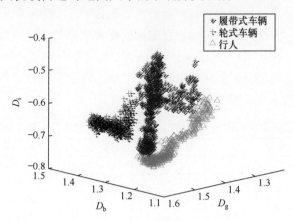

图 3.39　选定分形维数的三维分布图

5. 地面人车分类实验

本节使用与 3.2.2 节中相同的三种地面目标的 1500 个多普勒信号样本，进行 IEEMD 处理和微多普勒分形特征提取，选择图 3.10 中的方案一，即随机选取其中的 50%作为训练样本，剩余的为测试样本，利用 GA-BP 神经网络实现人车分类识别。为了体现 IEEMD 方法的优越性，本节还利用经验模态分解方法、时频图分析方法、文献[19]中的复杂概率主成分分析-贝叶斯推断（Complex Probabilistic Principal Component Analysis-Bayesian Inference Criterion，CPPCA-BIC）方法以及 3.2.3 节中的压缩感知方法进行了人车分类识别，当信噪比为 15dB 时，分类结果如表 3.9 所示。使用传统的 EMD 方法对地面车辆进行分类，当地面目标包括行人时，轮式车辆和行人多普勒谱的相似性使识别率降低很多，EMD 算法中的模态混叠问题进一步降低了识别率，识别率最低。时频图方法是从目标多普勒信号时频图中提取微多普勒特征来识别地面移动目标的，避免了轮式车辆和行人频谱相似的问题，从时频联合角度提取了具有高区分度的微多普勒特征，获得了比 EMD 方法更好的识别率。与 CPPCA-BIC 方法相比，时频图方法缺乏信号噪声抑制的过程，对识别率影响很大。CPPCA-BIC 方法虽然通过成分分析抑制了噪声，但仍然有较大残留，识别率提升有限。压缩感知方法通过 PCA 预处理，在抑制地杂波的同时也抑制了噪声，在压缩感知重构的过程中进一步去除了噪声，频谱被细化，降低了不同微多普勒分量彼此调制的影响，具有比 CPPCA-BIC 方法更高的识别率。IEEMD 方法通过估计噪声和高频小分量，自适应地确定添加的高斯白噪声的标准差和 EMD 分解次数，在大大降低运算量的同时，消除了不同本征模函数之间的模态混叠问题，通过提取分形特征，从形状、能量、密度等角度来描述不同的本征模函数，进一步抑制了残留噪声对提取的微多普勒特征区分度的影响。相比压缩感知方法，IEEMD 方法在细化频谱抑制噪声的同时，充分利用了不同目标之间的微动结构特征，尤其是由履带式车辆上履带和侧边履带引起的微动调制，具有最高的人车识别率。

表 3.9　当信噪比为 15dB 时，基于不同方法的地面人车分类结果

分 类 方 法		轮 式 车 辆	履带式车辆	行 人	综合识别率
经验模态分解	轮式车辆	71.83%	11.67%	16.50%	78.33%
	履带式车辆	12.83%	84.00%	3.17%	
	行人	15.83%	5.01%	79.16%	
时频图分析	轮式车辆	83.83%	8.50%	7.67%	84.17%
	履带式车辆	9.83%	85.33%	4.84%	
	行人	8.83%	7.82%	83.35%	
CPPCA-BIC	轮式车辆	88.20%	4.20%	7.60%	88.47%
	履带式车辆	4.90%	89.60%	5.50%	
	行人	7.80%	4.60%	87.60%	

续表

分 类 方 法		轮 式 车 辆	履带式车辆	行　　人	综合识别率
压缩感知	轮式车辆	85.60%	4.80%	9.60%	89.67%
	履带式车辆	4.20%	94.00%	1.80%	
	行人	8.00%	2.58%	89.42%	
IEEMD	轮式车辆	90.40%	4.40%	5.20%	91.27%
	履带式车辆	5.80%	91.80%	2.40%	
	行人	4.50%	3.60%	91.60%	

　　为了分析 IEEMD 方法在不同信噪比下的分类性能，图 3.40 给出了在不同信噪比下，基于不同方法对地面人车进行分类的结果。不同方法的识别率基本与表 3.9 中分析的一致，随着 SNR 的增加，各方法的识别率逐渐提高，当 SNR 约为 5dB 时，IEEMD 方法仍然超过 86%，高于其他分类方法。对于不同的分类器，同样是 IEEMD 方法，使用 GA-BP 神经网络时的识别率总是高于 SVM，说明 GA-BP 神经网络的学习和总结能力，在解决非线性多目标分类问题时具有更大的优势。所有这些表明，IEEMD 方法在对包括履带式车辆、轮式车辆和行人目标在内的地面目标进行分类识别时，具有巨大的优越性和很好的鲁棒性。

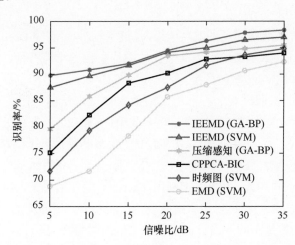

图 3.40　在不同信噪比下，基于不同方法对地面人车进行分类的结果

　　综上所述，改进集合经验模态分解方法可以通过估计多普勒信号中的噪声和高频小分量的标准差，自适应地确定集合经验模态分解算法中添加的高斯白噪声的标准差和分解的次数，以更小的计算量获得更好的分解效果。从经过改

进集合经验模态分解处理后得到的本征模函数频谱中提取能够描述不同微多普勒信号分量频谱的形状和几何差异的分形维数，送入在非线性多目标分类问题方面更有优势的 GA-BP 神经网络进行分类。实验结果表明，改进集合经验模态分解方法在对包括轮式车辆、履带式车辆和行人在内的三种地面目标进行分类时，具有更好的识别率，当信噪比仅为 15dB 时，综合识别率仍然达到 91.27%，高于现有的分类方法。

3.2.4　基于深度卷积神经网络的无人机载雷达对地面人车智能分类

虽然上述谱分析、压缩感知和改进集合经验模态分解的方法可以实现不同人车目标的准确识别，但是这些方法都首先需要进行复杂的信号处理，然后根据信号的处理方式和分类情形，定义不同的微多普勒特征，最后送入不同的分类器，实现目标识别。不同的方法需要定义不同的微动特征，不具有自适应性，且支持向量机更适合二分类问题。由于针对包含三种目标的多分类问题，需要使用 GA-BP 神经网络，分类器也不具备统一性，因此很有必要寻找一种可以避免复杂的特征提取过程，通过统一分类器或神经网络实现无人机载雷达对地面目标分类识别的方法。

作为深度学习领域重要的发展成果，深度卷积神经网络（Deep Convolutional Neural Networks，DCNNs）可以从输入的图片中自主学习特征，被广泛应用于图像分类与识别。与传统的分类方法相比，DCNNs 在对图像进行分类时可以避免复杂的特征提取过程，有着更高的效率和更广泛的应用。不少学者利用 DCNNs 在目标分类识别方面取得了重要成果：文献[20]对行人进行探测并且基于 DCNNs 实现了行人活动分类；文献[21]使用多基雷达和 DCNNs 来对行人的不同姿态进行识别；文献[22]通过 DCNNs 形成了一套雷达身份识别算法，可以区分并识别不同的人；文献[23]利用 DCNNs 成功地对无人机目标进行了分类。显然，DCNNs 同样可以用来进行基于无人机载雷达的地面目标分类识别，DCNNs 的输入就是不同地面目标多普勒信号的时频图。虽然 DCNNs 对信号的信噪比没有严格的限制，但是当信噪比很低时，大量的噪声还是会影响 DCNNs 的学习精度。因此，本节首先通过前文中的奇异分解与重构方法对地面目标多普勒信号进行处理，令代表噪声的奇异值为零，再重构信号，可以有效抑制噪声；接着对抑制噪声后的多普勒信号进行短时傅里叶变换，获得多普勒信号的时频图，并对时频图进行二值化处理，提高图像对比度；最后选择目前最成功的深度卷积神经网络之一的 AlexNet 网络进行迁移学习，实现无人机载雷达对地面目标的准确识别。

1.　深度卷积神经网络基本理论

作为深度学习的重要分支，神经网络（Neural Networks, NNs）已经成为各个领域的研究热点，尤其在图像识别领域，已被广泛使用。一个典型的神经网络结构图如图 3.41 所示。最基本的神经元由一个线性函数 $z(x) = \omega x + b$ 和一个非线性的激活函数 $a(z) = \sigma \text{sigmoid}(z)$ 组成。线性函数可以理解为线性回归。激活函数就是对输出的结果进行调控。神经网络的训练实际上就是使用梯度下降法找到合适的 ω 和 b。

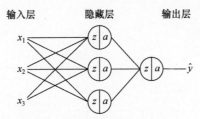

图 3.41　典型神经网络结构图

将神经网络叠加，就可以得到如图 3.42 所示的深度神经网络（Deep Neural Networks，DNNs），中间层是隐藏层（Hiden Layer），隐藏层能够分辨出浅层神经网络无法分辨的细节。深度神经网络涉及前向传播和后向传播。前向传播很简单，就是如何构建神经网络，确定输入特征的个数、神经网络的层数、每层的神经元个数以及每层的激活函数。后向传播较为复杂，类似线性回归，需要寻找合适的 ω 和 b，使预测值和真实值的差值最小。计算这个差值的函数被称为代价函数。通常，后向传播过程通过预测值向前倒推每层 ω 和 b 的导数，对这个导数利用梯度下降的方法训练出使代价函数最小的 ω 和 b。

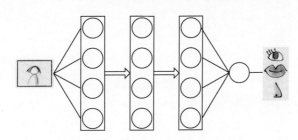

图 3.42　典型深度神经网络结构图

对于深度神经网络，每一层的每个神经元都和下一层的每个神经元相连，这种连接关系叫作全连接。当利用神经网络识别图像时，输入就是图像的每个像素点，每个像素点都会被下一层的神经元计算。这种全连接的方法对于图像识别显得冗余。此时，可以用卷积神经网络（Convolutional Neural Networks，CNNs）将相邻像素之间的轮廓过滤出来。如图 3.43 所示，一个 6×6 的图片被一个 3×3 的滤波器卷积，3×3 的滤波器先和图片左上角的 3×3 的矩阵进行卷积，得到结果后再向右移动，每次移动的长度便是步长（Stride），以步长 1 为例，整个图片滤波完成后，输出一个 4×4 的矩阵。为了保证输入和输出的图片尺寸一致，可以对输入图片的边缘进行补零填充（Padding），将填充后的图片与滤波器进行卷积，如图 3.44 所示。此时，输入图片与卷积后的输出图片均是 6×6 的矩阵。

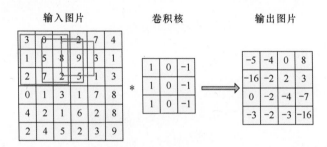

图 3.43　典型卷积操作示意图

图 3.44　填充后卷积操作示意图

在利用卷积核对输入图片进行卷积滤波时，卷积核并不一定只有一个，图 3.43 和图 3.44 中卷积核的个数为 1，得到输出图片的深度也为 1，增加卷积核的个数可以增加输出图片的深度。图 3.45 展示了用两个卷积核对输入图片进行滤波，得到输出图片的深度为 2 的情形。

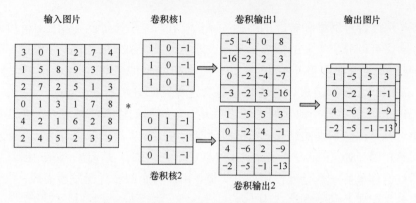

图 3.45　输出图片深度为 2 时的卷积操作示意图

单层完整的卷积神经网络与全连接的深度神经网络一样，包含一个线性函数和一个激活函数。常用的激活函数是 Relu 函数。线性函数具有权重 w 和偏置 b 两个重要参量。对于卷积神经网络而言，权重 w 就是卷积滤波器的数值，偏置 b 可以加在 Relu 函数之后。单层卷积神经网络如图 3.46 所示。

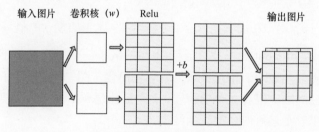

图 3.46　单层卷积神经网络

事实上，在用卷积核的滑动窗口进行滤波的过程中，会重复计算很多像素，造成信息冗余。为了减少后续计算量，加快学习速度，需要对卷积后的特征矩阵进行池化操作，如图 3.47 所示，主要分为最大池化（Max Pooling）和均值池化（Mean Pooling）：前者是取某区域内的最大值代表该区域；后者是取某区域的平均值代表该区域。

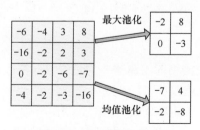

图 3.47　池化操作示意图

　　与深度神经网络和神经网络的关系一样，与卷积神经网络相比，深度卷积神经网络可以分辨更多的细节，获得更好的图像识别效果。一个完整的深度卷积神经网络通常由多个卷积层、池化层和一个或者多个全连接层（Fully Connected Layer）组成。全连接层包含逻辑回归分类器（Logistic Regression Classifier），最后一个池化层的输出就是全连接层的输入，最后一个全连接层的输出就是图像识别的结果。完整的全连接层实际上是由多个神经元层组成的多层感知器（Multi-layer Perceptron，MLP）。在大部分情况下，softmax 回归分类器被选作最后一个全连接层的分类器，由逻辑回归分类器发展而成，用于解决多分类问题，函数表达式为

$$h_\theta(x) = \begin{bmatrix} p(y^{(i)} = 1 \middle| x^{(i)}; \theta) \\ p(y^{(i)} = 2 \middle| x^{(i)}; \theta) \\ \vdots \\ p(y^{(i)} = k \middle| x^{(i)}; \theta) \end{bmatrix} \tag{3.51}$$

式中，$p(y^{(i)} = j \middle| x^{(i)}; \theta)$ 代表输入第 i 个样本 $x^{(i)}$ 属于类型 j 的概率。为了防止全连接层溢出，dropout 操作被广泛使用。被 dropout 的神经元将不再参与传播过程，不同神经元之间的相互关系得到有效简化。图 3.48 描述了一个典型的深度卷积神经网络，包含 2 个卷积层、2 个池化层和 1 个全连接层，多层感知器的输出结果就是最后的分类识别结果。

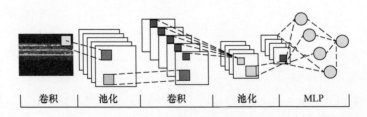

图 3.48　典型深度卷积神经网络结构示意图

2. AlexNet 网络的迁移学习

　　传统深度卷积神经网络的构建需要大量的数据进行训练，从而得到最优模型。由于这些数据往往难以获得，导致搭建的深度卷积神经网络模型的参数得不到较好的优化，最终影响识别效果，因此利用经过大量数据训练的现有模型来完成与原有任务具有相关性的新的学习和识别任务，可以极大提高学习效

率，获得精确的识别效果。这样的过程就叫作迁移学习（Transfer Learning）。迁移学习顾名思义就是把已训练好的模型参数迁移到新的模型来帮助训练新模型。因为考虑到大部分数据或任务都是存在相关性的，所以通过迁移学习可以将已经学到的模型参数分享给新模型，从而加快并优化模型的学习效率。

本节对抑制噪声后的地面目标多普勒信号进行了短时傅里叶变换，获得不同地面目标多普勒信号的时频图，将时频图二值化后，送入深度卷积神经网络进行分类识别，与大部分深度卷积神经网络的任务一致，均是进行图像识别，利用现有的深度卷积神经网络进行迁移学习，可以更高的效率实现无人机载雷达对地面目标的准确分类识别。本节使用 Matlab R2017a 中包含的神经网络工具箱进行深度卷积网络的迁移学习，整个深度学习的过程通过 NVIDIA GPU 加速，使用的显卡型号为 NVIDIA GTX 1060 3GB。本节使用的深度卷积神经网络是 2012 年 ImageNet 竞赛冠军获得者 Hinton 和他的学生 Alex Krizhevsky 设计的 AlexNet 网络，首次在 CNN 中成功应用了 Relu 和 dropout，也使用了 GPU 加速运算，由包含 1000 多种对象、数量超过 100 万的图像库进行训练，与传统深度卷积神经网络相比，分类性能出色。

如图 3.49 所示，AlexNet 网络包含 5 个卷积层和 3 个全连接层，前两个卷积层和最后一个卷积层包含池化，最后一个全连接层的输出就是分类结果。图 3.50 给出了前两个卷积层和第一个全连接层的具体参数变化过程，整个 AlexNet 网络输入图像的尺寸必须是 277×277×3，若使用去噪和二值化后的地面目标多普勒信号时频图作为整个网络的输入，则基于无人机载雷达的地面目标分类问题就转化为了图像识别问题。选择一定比例的多普勒信号时频图作为训练样本，对现有的 AlexNet 模型进行迁移学习，剩余的多普勒信号时频图作为测试样本，可以实现地面目标的准确分类识别，流程如图 3.51 所示。

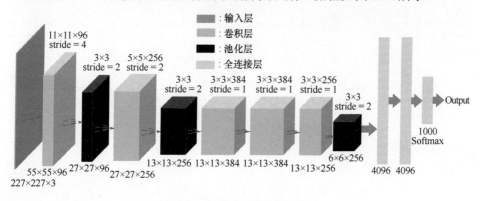

图 3.49　AlexNet 网络结构图

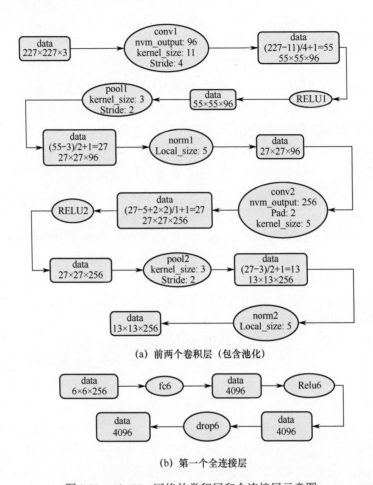

(a) 前两个卷积层（包含池化）

(b) 第一个全连接层

图 3.50　AlexNet 网络的卷积层和全连接层示意图

图 3.51　基于 AlexNet 迁移学习的地面目标分类识别流程

　　在应用 AlexNet 网络的过程中，通过训练样本训练卷积层和全连接层的权重系数，在后向传播过程中，涉及小批量梯度下降过程，有三个相关的重要参数，分别是 Epoch、Batch 和 Iteration：Epoch 代表使用训练集对网络模型进行一次完整的训练；Batch 是指使用训练集中的一小部分样本对后向传播过程中的模型权重进行一次参数更新，一个 Batch 中具有的样本个数就是 Batch 的大小；Iteration 就是 Batch 的数量。假设训练集中含有 N 个样本，对于 AlexNet 网络模型，Batch 大小就是 $N/5$，一个完整的 Epoch 需要 5 个 Batch，即对应的 Ireration 就是 5。选择合适数量的 Epoch 非常重要，如果 Epoch 的数量不足，会导致深度卷积网络无法充分学习；Epoch 数量过大，会导致训练过程溢出。

当无噪声时，使用与 3.2.3 节相同的 1500 个多普勒信号样本，每个地面目标各 500 个样本，进行短时傅里叶变换得到多普勒信号时频图，随机选择其中 50% 的时频图作为训练样本，剩余的 50% 为测试样本，对 AlexNet 网络进行迁移学习。Batch 设置为 250，对 750 个训练样本完成一次学习需要 3 个 Iteration。图 3.52 给出了识别率、训练损失与 Epoch 数量之间的关系。随着 Epoch 数量的增加，识别率逐渐上升，训练损失逐渐下降，当 Epoch 的数量超过 16 时，识别率已经达到了 100%；当 Epoch 的数量超过 18 时，训练损失降为 0。在后续的分类实验中，AlexNet 网络的 Epoch 数量均被设置为 20，既可以保证识别率，又可以避免冗余计算，提高分类效率。

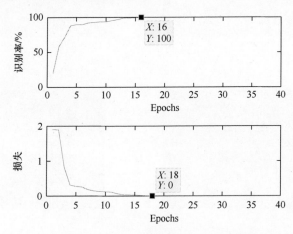

图 3.52　AlexNet 网络识别率、训练损失与 Epoch 数量之间的关系

3. 地面人车分类实验

为了体现深度卷积神经网络在图像识别方面的优势，本节定义并仿真了如图 3.53 所示的三种地面目标在七种不同情形下的多普勒信号时频图，分别为单个轮式车辆、单个履带式车辆、单个行人、两个轮式车辆、两个履带式车辆、一个轮式车辆和一个履带式车辆以及两个行人。当地面目标多普勒信号含有噪声时，首先利用奇异分解与重构方法进行去噪，然后进行后续的训练与测试，多普勒信号的信噪比范围为 −5～30dB。下面将分别从图像二值化、训练样本比例和样本种类、样本信噪比以及不同方法的对比等几个角度来分析 AlexNet 迁移学习后的识别性能。

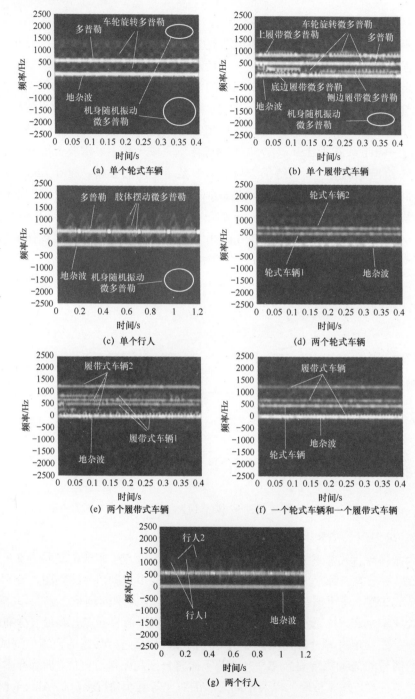

图 3.53　在不同情形下的地面目标多普勒信号时频图

（1）图像二值化的影响

利用深度卷积神经网络进行地面目标识别，需要对地面目标的多普勒信号进行时频变换，将多普勒信号的时频图保存为图像，作为深度卷积神经网络的输入。由图 3.53 可知，无人机的随机振动会使得时频图中遍布"斑点"，降低地面目标多普勒信号中的微多普勒特征区分度，影响分类识别的效果。由于无人机的随机振动引起的微多普勒分量一般能量较小，甚至小于旋转微多普勒分量，可以通过定义图像的灰度阈值，令小于这个阈值的像素灰度为 0，高于这个阈值的像素灰度为 255，抑制由随机振动引起的微动分量，增加其他微动分量之间的区分度，减小图像的数据运算量，加快深度卷积神经网络学习的过程，因此这里将对地面目标多普勒信号时频图进行二值化处理，具体步骤如下：

❶ 对多普勒信号 $x(t)$ 进行短时傅里叶变换，获得多普勒信号时频图 $S(t,f)$。

❷ 将多普勒信号的时频图 $S(t,f)$ 保存为图像 $I(t,f)$。

❸ 搜索图像 $I(t,f)$ 中的最大值，记为 $M = \max[I(t,f)]$，根据 $I'(t,f) = 255 - 255 \times I(t,f)/M$ 将图像 $I(t,f)$ 转化为灰度图 $I'(t,f)$。

❹ 选择合适的灰度阈值，记为 X，根据 $I'(t,f) = \begin{cases} 255, I'(t,f) \geqslant X \\ 0, 其他 \end{cases}$ 将灰度图 $I'(t,f)$ 二值化。

以地面行人为例，图 3.54 为原始多普勒信号时频图像和进行二值化后的时频图像。可以发现，在二值化后的时频图像中，由无人机随机振动引起的微动分量大部分被去除，微多普勒调制分量与多普勒分量对比更加明显，有助于深度卷积神经网络学习图像中波形的高频轮廓特征，提高深度卷积神经网络的识别率。在实际识别时，AlexNet 网络需要输入三维图形，每个通道都采用相同的二值图形，以无噪声情形为例，分别采用如图 3.53 所示的七种原始多普勒信号时频图和对应的二值化后的时频图进行训练和测试，地面目标的参数设置参见表 2.2，每种情形的样本数为 500，共 3500 个样本，每种情形样本的 50% 为训练样本，剩余的为测试样本。

图 3.55 为在无噪声时，基于 AlexNet 深度卷积神经网络迁移学习，分别对七种不同情形下的原始多普勒信号时频图像和二值化后的时频图像进行分类识别的结果。

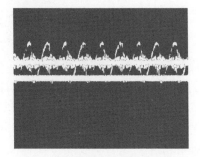

(a) 原始多普勒信号时频图像　　　　　　(b) 二值化后多普勒信号时频图像

图 3.54　地面行人原始多普勒信号时频图像与二值化时频图像

原始图像	a	b	c	d	e	f	g
a	0.96	0	0	0.02	0	0.02	0
b	0.01	0.88	0	0.02	0.05	0.04	0
c	0	0	0.98	0	0	0	0.02
d	0	0.01	0	0.93	0.04	0.02	0
e	0	0.06	0	0.02	0.88	0.04	0
f	0.01	0.05	0	0.02	0.06	0.86	0
g	0	0	0.04	0	0	0	0.96

二值图像	a	b	c	d	e	f	g
a	0.98	0	0	0.02	0	0	0
b	0	0.90	0	0	0.06	0.04	0
c	0	0	1	0	0	0	0
d	0.03	0	0	0.95	0	0.02	0
e	0	0.04	0	0	0.91	0.05	0
f	0	0.05	0	0.02	0.04	0.89	0
g	0	0	0.01	0	0	0	0.99

图 3.55　在无噪声时，七种不同情形多普勒信号时频图像分类识别结果

在图 3.55 中，a 代表单个轮式车辆，b 代表单个履带式车辆，c 代表单个行人，d 代表两个轮式车辆，e 代表两个履带式车辆，f 代表一个轮式车辆和一个履带式车辆，g 代表两个行人。可以发现，由于无人机随机振动引起的微动分量基本被抑制，主要微动分量的时频轮廓对比度提高，与不进行图像二值化处理相比，在各种情形下，进行二值化处理均可提高识别率。即使不进行二值化处理直接进行分类，基于 AlexNet 迁移学习后获得的综合识别率仍然达到92.14%，证明了深度卷积神经网络在自主学习和图像分类方面的优势；在经过二值化处理后，综合识别率提高至 94.57%，说明二值化处理对不同情形下地面目标多普勒信号时频图像的分类识别具有显著的提升。后续基于 AlexNet 神经网络迁移学习的地面目标分类实验均使用多普勒信号的二值化时频图像作为深度卷积神经网络的输入。

（2）训练样本比例和样本种类的影响

前面均使用 50%的多普勒信号样本作为训练样本对现有的 AlexNet 模型进行迁移学习，剩余的样本作为测试样本。事实上，样本的比例对于迁移学习的效果有很大的影响，训练样本比例过低，导致深度卷积神经网络将无法充分学习图像特征，降低图像的识别率；样本比例过高，会在图像识别率提升有限的情况下，大幅增加深度卷积神经网络的学习时间。选择合适比例的多普勒信号样本作为训练样本，可以利用有限的学习时间获得较高的识别率。

在无噪声时，选择不同比例的样本作为训练样本，剩余为测试样本，针对图 3.53 中（a）、（b）、（c）三种情形下的地面目标多普勒信号样本和图 3.53 中全部七种情形下的地面目标多普勒信号样本进行基于 AlexNet 深度卷积神经网络迁移学习的三种目标的分类识别和七种目标的分类识别实验，结果如图 3.56 所示。可以发现，随着训练样本比例的提高，无论三种目标还是七种目标，识别率都逐渐上升，当训练样本比例达到 60%时，三种目标的识别率已经达到 100%，七种目标的识别率也已经达到大约 96%，当训练样本比例继续增加时，地面目标的识别率基本维持不变。尽管足够比例的训练样本是深度卷积神经网络进行准确分类的前提，但是保证训练样本占比达到 50%即可获得较好的识别效果。当学习样本比例为 50%时，三种目标如图 3.57 所示。

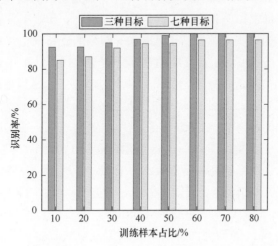

图 3.56　当训练样本比例不同时，三种目标和七种目标的分类结果

显然，当目标总种类增加后，即使是相同的目标多普勒信号时频图像，识别率还是有所下降。即使样本包含全部七种多普勒信号时频图像、不同情形下的多普勒信号时频图像相似度较高时，单个轮式车辆、单个履带式车辆和单个

行人的多普勒信号时频图像的综合识别率仍然达到 94%，当样本中只包含单个轮式车辆、单个履带式车辆和单个行人三种多普勒信号图像时，综合识别率达到 99%，充分证明了 AlexNet 深度卷积神经网络出色的图像分类识别性能。

原始图像	a	b	c
a	0.99	0.01	0
b	0.02	0.98	0
c	0	0	1

(a) 三种目标

原始图像	a	b	c	d	e	f	g
a	0.96	0	0	0.02	0	0.02	0
b	0.01	0.88	0	0.02	0.05	0.04	0
c	0	0	0.98	0	0	0	0.02
d	0	0.01	0	0.93	0.04	0.02	0
e	0	0.06	0	0.02	0.88	0.04	0
f	0.01	0.05	0	0.02	0.06	0.86	0
g	0	0	0.04	0	0	0	0.96

(b) 七种目标

图 3.57　当无噪声训练样本占比为 50%时，三种目标和七种目标的分类识别结果

（3）训练样本信噪比的影响

为了评估 AlexNet 网络经过迁移学习和权重更新后的新模型的鲁棒性，针对轮式车辆、履带式车辆和行人三种典型地面目标，向其多普勒信号中添加高斯白噪声，在不同信噪比下，基于 AlexNet 网络的迁移学习，实现无人机载雷达对地面目标的分类识别。前文中的奇异分解与重构方法被用来对含有噪声的地面目标多普勒信号进行处理，令代表噪声的奇异值为零后重构信号，可有效抑制噪声。轮式车辆、履带式车辆和行人三种目标的参数设置参见表 2.2，每个目标多普勒信号样本数为 500，训练样本比例为 50%，在不同信噪比下，三种地面目标的分类识别结果如图 3.58 所示。由图 3.58（a）可知，信噪比越高，地面目标的综合识别率越高，当信噪比为 15dB 时，综合识别率已经超过 95%，即使是信噪比仅为 0dB，综合识别率仍然达到 70%。对于图 3.58（b）中的行人，当信噪比为 5dB 时，识别率就达到了 100%，当信噪比继续下降时，行人的识别率也迅速下降，因为地面行人多普勒信号中的微多普勒调制主要是旋转微多普勒，当信噪比很低时，微动分量的能量占比较小，深度卷积神经网络无法像分辨轮式车辆一样准确识别出行人。对于图 3.58（c）和图 3.58（d）中的轮式车辆和履带式车辆，更复杂的微动调制使得深度卷积神经网络可以学习更多的特征，即使在较低信噪比时，与行人相比仍然具有较高的识别率。

由于履带式车辆的履带平动部分所产生的固定频率的微动分量在时频图像中不总是那么明显，当信噪比低于 10dB 时，轮式车辆和履带式车辆比较容易被误识别。此外，轮式车辆和行人多普勒信号中相似的旋转微多普勒调制也使得它们被误识别。综上所述，虽然当信噪比较低时，不同地面目标之间会被误识别，但是即使信噪比较低且无人机随机振动会造成随机微动小分量干扰，基于深度卷积神经网络迁移学习的无人机载雷达对地面目标分类识别仍然具有较高的识别率，证明了深度卷积神经网络的有效性和鲁棒性。

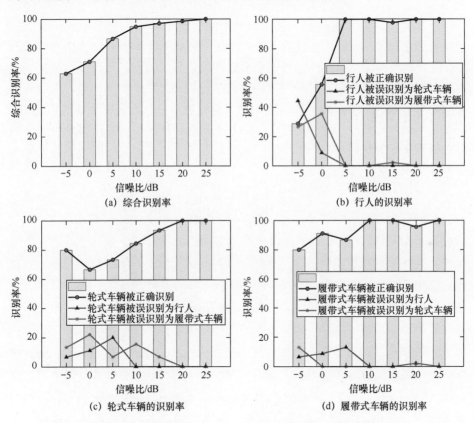

图 3.58　在不同信噪比下，三种地面目标的分类识别结果

（4）不同方法的对比

传统分类识别方法通过提取微多普勒特征，送入分类器，实现目标分类识别。3.2.2 节首先通过 PCA 算法抑制地杂波和环境噪声，然后基于压缩感知实现多普勒信号的频谱细化，最终提取具有高区分度的微多普勒特征，结合 GA-BP 神经网络，实现包括轮式车辆、履带式车辆和行人在内的三种地面目

标的精确识别。3.2.3 节则是在 3.2.2 节细化频谱的基础上，通过改进集合经验模态分解方法，分解重构能够体现目标微动结构特征的微多普勒分量，提取微多普勒分形特征，进一步增加了微多普勒特征的区分度，提高了识别率。深度卷积神经网络方法可以避免复杂的特征提取过程，只需要将不同目标的多普勒信号时频图像作为深度卷积神经网络的输入，网络输出的就是识别结果。为了比较深度卷积神经网络方法和 3.2.2 节的压缩感知方法以及 3.2.3 的改进集合经验模态分解方法的识别率，本节分别采用这三种方法在不同信噪比下进行轮式车辆、履带式车辆和行人三种地面目标的分类识别，参数设置参见表 2.2，每种目标的样本数为 500，一共 1500 个样本，训练样本比例为 50%，分类识别结果如图 3.59 所示。可以发现，相比压缩感知和改进集合经验模态分解方法，深度卷积神经网络不仅可以避免复杂的特征提取过程，且经过二值化处理后，地面目标多普勒信号时频图像中的微多普勒高频特征更加明显，深度卷积神经网络可以自主学习到更加有效的微多普勒特征，从而获得更好的识别率。即使是当信噪比低于 5dB 时，基于 AlexNet 深度卷积神经网络迁移学习的分类方法的识别率仍然超过 70%。

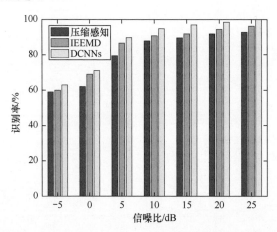

图 3.59　在不同信噪比下基于不同方法的地面目标分类识别结果

利用 2.3.4 节中的地面目标实测数据进行分类识别，三种地面目标的多普勒信号时频图如图 3.60 所示。经过数据整理，一共选取了 300 个有效多普勒样本，每种目标各 100 个样本。随机选择其中 50% 的时频图作为训练样本，剩余的 50% 为测试样本，Batch 设置为 10，对 50 个训练样本完成一次学习需要 5 个 Iteration，Epoch 设置为 50。直接利用时频图和利用二值化后的时频图，基于 AlexNet 深度卷积神经网络进行地面目标分类的结果分别如表 3.10 和表 3.11 所示。可以发现，无论是否经过二值化处理，基于深度卷积神经网络的无人机载雷达对地面目标分类识别方法都能达到 90%以上的综合识别率，由于在轮式车辆和履带式车辆时频图中体现的微动调制相似，且并非每个履带式车辆多普勒信号样本都包含上履带的微动调制分量，轮式车辆和履带式车辆均容易被误识别为另一种车辆。对比表 3.10 和表 3.11，通过二值化处理，综合识别率从90%提高到了 96%，且轮式车辆和履带式车辆的识别率也分别从 88%、82%提高到了 92%、96%，证明了二值处理对于增加时频图中微多普勒分量与背景分量对比度、提高识别率的有效性。

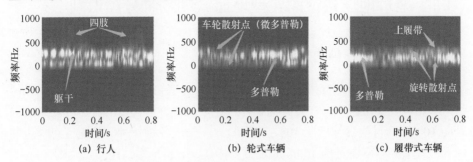

图 3.60　三种地面目标的多普勒信号时频图

表 3.10　直接利用时频图和深度卷积神经网络进行地面目标分类的结果

目　　标	识　别　率			
	行　　人	轮 式 车 辆	履带式车辆	综合识别率
行人	100.00%	0	0	
轮式车辆	0	88.00%	12.00%	90.00%
履带式车辆	0	18.00%	82.00%	

表 3.11　利用二值时频图和深度卷积神经网络进行地面目标分类的结果

目　　标	识　别　率			
	行　　人	轮 式 车 辆	履带式车辆	综合识别率
行人	100.00%	0	0	
轮式车辆	0	92.00%	8.00%	96.00%
履带式车辆	0	4.00%	96.00%	

　　综上所述，本节提出了一种基于 AlexNet 深度卷积神经网络迁移学习的地面目标识别方法：首先通过奇异分解与重构进行去噪；然后对去噪后的地面目标多普勒信号时频图进行二值化处理，提高了时频图中的微多普勒分量对比度；最后送入深度卷积神经网络，通过一定比例的训练样本更新现有的 AlexNet 网络模型系数权重，输入测试样本，网络输出便是分类结果，目标分类识别问

题就转化为了图像识别问题。当信噪比仅为 15dB 时，识别率已经超过 97%，当信噪比低于 5dB 时，识别率仍然超过 70%。与 3.2.2 节的压缩感知方法和 3.2.3 节的改进集合经验模态分解方法相比，本节提出的深度卷积神经网络方法不仅可以避免复杂的特征提取过程，网络的多层结构也可以自主学习更多的微多普勒特征，充分证明了本节方法的优越性和鲁棒性。

3.3 地对地场景下的典型地面微动物种分类识别

3.3.1 不同物种的实测数据分析

使用 IVS-179 雷达分别对 4 个人、4 只狗、4 辆自行车、4 辆汽车和 4 棵树收集数据。在此过程中，没有其他物体产生干扰。每个目标沿雷达的视线方向运动 100 次，每次目标运动 10s。在实验中，由于各物体种类的速度有一定的差异，汽车从距离雷达约 100m 的位置开始运动，自行车从距离雷达约 40m 的位置开始运动，人和狗从距离雷达约 20m 的位置开始运动。图 3.61 显示了数据采集的场景。

图 3.61 测试场景

图 3.62 为不同物体种类的多普勒时频图。由图可知，5 个物体种类的时频图各不相同。图 3.62（a）是一辆行进中自行车的时频图，最强的反射回波来自于自行车本身，围绕它的周期性波形来自四肢的运动和车轮的转动。运动汽车的时频图如图 3.62（b）所示。由图可知，车身的振动和车轮的转动很难从时频图中观察到，因为与车身的反射相比，车轮的振动太弱了。图 3.62（c）是固定树的时频图，微多普勒是由树枝、树叶的运动引起的，由于风的存在，树枝、树叶会出现一定的运动。图 3.62（d）和（e）分别是一只行走的狗和一

个行走的人的时频图,可以观察到图 3.62(d)和(e)中的时频图非常相似,在两幅图中,由躯干运动均产生最强反射,其次是四肢运动。由于人体在运动时躯干的上下晃动与狗相比要小一些,因此人体运动时的多普勒谱宽小于狗运动时的多普勒谱宽。

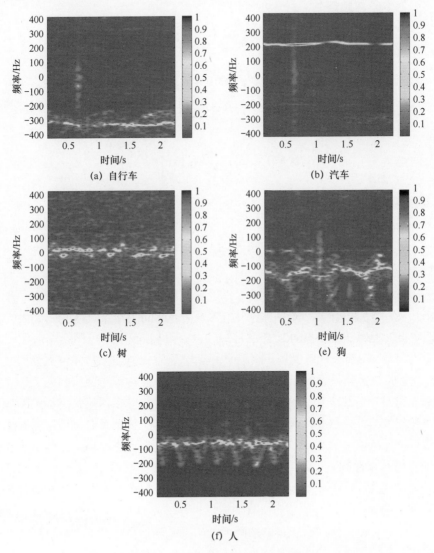

图 3.62   不同地面物种的多普勒时频图

3.3.2　微多普勒特征的选择与提取

所采用的特征如下：

- 躯干/身体径向速度。
- 总多普勒频移。
- 多普勒信号的总带宽。
- 没有微多普勒信号的带宽。

众所周知，人、自行车、狗、汽车和树的径向速度通常是不同的。一般来说，汽车是最快的，其次是自行车，然后是狗和人，最后是树。CW 雷达的差拍信号可以表示为

$$S_{\mathrm{B}}(t) = A_{\mathrm{m}} \exp[\mathrm{j}\phi] = A_{\mathrm{m}} \exp\left[\frac{\mathrm{j}4\pi R}{\lambda}\right] \tag{3.52}$$

式中，ϕ 是差拍信号的相位项；λ 为波长；距离项 R 与相位项 ϕ 呈线性关系，并且距离差与相位差呈线性关系。将同一接收通道的两个数据点的展开相进行比较，可以得到两个点之间的距离差为

$$D = \frac{\lambda \Delta \phi}{4\pi} \tag{3.53}$$

式中，$\Delta\phi$ 代表相位差。考虑到两个相邻点之间的间隔很短，在此间隔内目标的速度几乎是恒定的，因此区间的径向速度和平均径向速度可以表示为

$$v_i = \frac{D_i}{t} = \frac{\lambda \Delta \phi_i}{4\pi} \times f_{\mathrm{s}} \tag{3.54}$$

$$v = \frac{1}{n} \sum_{i=1}^{n} v_i \tag{3.55}$$

式中，f_{s} 是采样频率；n 是一段时间内时间间隔的总数。

从图 3.62 的频谱图中可以看出，不同目标的不含微多普勒信号的带宽、含有微多普勒信号的总带宽和信号的偏移量是不同的。虽然车身的振动和车轮的转动很小，但仍然产生了足够清晰的微多普勒特征，可用于汽车目标的区分和分析。狗的微多普勒信号带宽也大于人，因为狗在运动时躯干的上下运动幅度大于人。图 3.63 为微多普勒特征估计值的三维分布图，自行车、汽车和树的特征有很明显的差别，传统机器学习算法能以较高的识别率将这三个物体种

类区分开来，狗和人的特征却混杂在一起，说明在对人与狗进行识别时，容易产生误判。

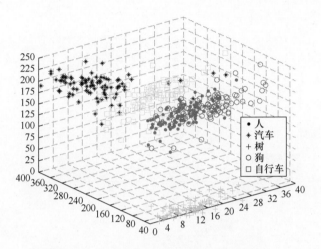

图 3.63　微多普勒特征估计值的三维分布图

3.3.3　判别结果

1. 时频图预处理

在对不同物体种类的雷达回波信号进行短时傅里叶变换时，需要选取适当的时间窗和滑动步长来捕获目标在多普勒域中的特征。经过反复实践。当时间窗为 33/255s 时，时频域的微多普勒特征可以被明显识别出来。此时，使用的滑动步长为 1/2000s。当时间窗增大时，经过傅里叶变换后，时间的分辨率会变差，当时间窗减小时，经过傅里叶变换后，频率的分辨率会变差。由于 DCNN 的处理过程需要大量的数据，因此在进行物体种类识别时，可将一次采样数据的时长 10s 平均分为五个部分，每一部分的时长为 2s，一个目标经过处理后得到的频谱图数量为 500 幅，又因为每个物体种类的数据来自一个物体种类的四个不同目标，从而每个物体种类的频谱图数量为 2000 幅。

为了检验所使用机器学习算法的抗噪声性，在信号中添加了几个不同等级信噪比的噪声（SNR=30dB, 20dB,15dB,10dB,1dB），我们从每种噪声等级中随机选取 100 幅频谱图来测试算法的抗噪性。对于每个噪声等级，整个过程包括从选取时频图到使用网络进行测试重复 100 次，以平均识别率作为最终结果。在使用传统机器算法时，为检验传统机器学习算法的抗噪声性，在原始回波信号中先加入不同等级信噪比的噪声，再提取相应的特征作为传统机器学习算法的输入，可得到最后识别结果。

2. 传统机器学习算法

本章使用了支持向量机算法、朴素贝叶斯算法以及两者的融合算法，将3.3.2 节中提取的特征直接作为传统机器学习算法的输入。与 DCNN 相比，这部分所需的数据量相对较小，是传统监督学习方法的优点之一，得到的结果如图 3.64 所示。

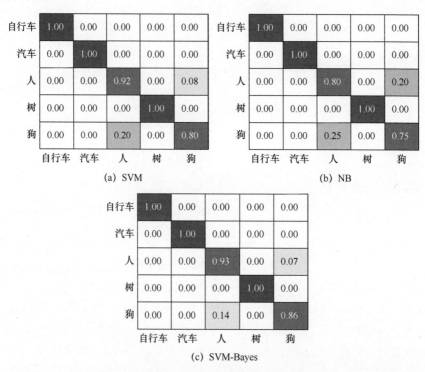

图 3.64　基于不同方法的分类识别结果

SVM-Bayes 融合算法使用了两组不同的特征。在 3.3.2 节中定义的特征作为第一组特征。选择的第二组特征是基于主成分分析（PCA）的特征集，第一个特征被称为潜特征，是协方差矩阵的主成分方差；第二个特征是 Hotelling's t squared statics，表示从数据集中心到每个观测值多元距离的统计度量；第三个特征为每个向量的前五个值，表示方差代表的百分比。从图 3.64 中可以发现，SVM 的平均识别率高于 NB，分别为 94.4%和 91%，SVM-Bayes 的平均识别率高于前两种传统机器学习算法，并且这三种方法在区分人和狗时存在较大误差。

3．GoogleNet 模型结果

首先对 GoogleNet 进行微调，使用"Xavier"代替"Gaussian"，使网络能够更快地收敛，并解决梯度消失等问题，改进学习速率，使用线性衰减来替代梯度衰减，加快训练速度。整个 GoogleNet 网络的输入为224×224×3，经过第一层卷积后，得到特征图片的大小为112×112×64，通过激活函数 ReLU，经过第一层的池化层和 Norm 层，依次经过第二层的卷积层、激活函数、池化层及 Norm 层从第三层开始进入 Inception 模型，使用四种不同的卷积核进行处理，并与第四层连接，以此类推，最后使用 Softmax 作为分类器。

这里采用上述训练好的网络对物体种类进行分类测试。为了验证网络的稳定性，从测试数据中随机选取 100 幅频谱图，每个分类测试重复 100 次，100 次的识别率方差为 0.004，证明了网络的稳定性。图 3.65（a）表示的是使用 GoogleNet 网络对物种分类识别的识别率以及训练和测试过程的损失值。可以看出，损失值逐渐收敛到一个趋于零的数值，说明网络没有过拟合。图 3.65（b）是使用 GoogleNet 网络对不同物体种类进行分类识别的结果混淆矩阵，平均识别率为 99.4%，说明深度学习可以以较高的识别率将不同物体种类区分开来。

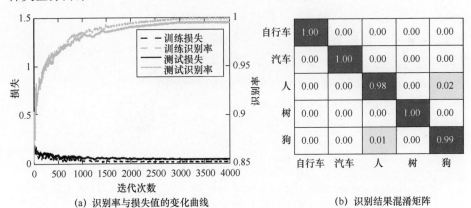

(a) 识别率与损失值的变化曲线　　　　　　(b) 识别结果混淆矩阵

图 3.65　使用 GoogleNet 网络对不同物种分类识别的结果

4．结果比较

表 3.12 给出了四种算法的结果。可以发现，SVM-Bayes 融合算法的识别率高于 SVM 算法和 NB 算法，低于 DCNN 算法。这意味着将不同的传统监督学习方法进行融合，可以在一定程度上提高识别率，通过使用不同的融合操作、不同的特征提取方法对传统机器学习算法进行不断优化，可得到更好的结果。

然而，这些方法严重依赖于提取的特征，不同的特征会导致不同的结果，不利于实际操作。

表 3.12　DCNN、SVM、NB 和 SVM-Bayes 结果比较

算　　法	识别率
DCNN	99.4%
SVM	94.4%
NB	91%
SVM-Bayes	95.8%

图 3.66 给出了四种算法的抗噪声性。由图可知，当信噪比降低时，四种方法的分类性能都会受到影响。DCNN 算法识别率降低的速率最慢，说明具有良好的抗噪声性能。SVM-Bayes 融合算法的抗噪性与支持向量机相似，均优于朴素贝叶斯算法的抗噪声性。

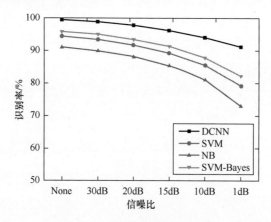

图 3.66　四种算法的抗噪声性

综上所述，本节以特定场景下多个物体种类为研究对象，提取了相关微多普勒特征，使用 DCNN、SVM、NB 和 SVM-Bayes 融合算法对这些目标进行了分类。具体来说，DCNN 算法的识别率约为 99.4%，SVM 算法的识别率为 94.4%，NB 算法的识别率为 91%，SVM-Bayes 算法的识别率为 95.8%，说明 DCNN 算法在目标分类中表现最好。另外，通过在原始雷达回波中加入不同信噪比的随机噪声，对这四种算法的抗噪声性进行了研究，为后续对人体信号进行深入研究奠定了基础。

3.4　地对空场景下的直升机目标微动参数估计

直升机旋翼的时域回波、频谱及时频图有明显的由转动部件产生的微多普勒特征,目前已有很多学者通过研究回波中由转动旋翼产生的微多普勒特征来挖掘旋翼的相关信息,估计旋翼桨叶的长度、数量、转动周期等参数,借此对直升机进行分类识别。目前,大部分的研究都是假设直升机持续在雷达波束照射中。在实际情况下,很多机械扫描雷达不可能长期持续照射目标,有可能出现在一个扫描周期内,雷达波束只在目标上驻留了一小段时间的现象,导致回波中关于旋翼的多普勒信息不完整。这种情况被称为雷达工作在短驻留时间条件下;反之,若目标持续在雷达波束中,这种情况被称为雷达工作在长驻留时间条件下。短驻留时间下传统的算法不再适用。本节提出了一种新的方法来估计短驻留时间条件下旋翼的转动频率。

3.4.1　长驻留时间下直升机旋翼微多普勒特征提取与参数估计

1. 参数估计方法

2.4.1 节已构建了长驻留时间下的直升机旋翼回波模型,本节将对以下参数进行估计。

(1)桨叶数量 N

通过 2.4.1 节的分析可知,旋翼的桨叶数量 N 等于时频图中正弦曲线的数量。

(2)转动频率 f_r

由于时频图中的正弦曲线是由桨叶叶尖旋转形成的,正弦曲线的周期就是旋翼的转动周期,正弦曲线峰值出现的时刻就是闪烁出现的时刻,因此转动频率 f_r 可以由时域回波中峰值之间的时间间隔或者时频图中相邻闪烁之间的时间间隔来求得,即

$$\tilde{f}_r = \begin{cases} \dfrac{1}{\tilde{N}\Delta t}, & \tilde{N}\text{为偶数} \\[3mm] \dfrac{1}{2\tilde{N}\Delta t}, & \tilde{N}\text{为奇数} \end{cases} \tag{3.56}$$

131

式中，$\tilde{f}_r$ 为转动频率的估计值；$\tilde{N}$ 为桨叶数量的估计值；Δt 为时域回波中相邻峰值之间的时间间隔或者时频图中相邻闪烁之间的时间间隔。

本节给出了一种基于逆 Radon 变换的方法来估计时频图中正弦曲线的参数，利用已经估计出的正弦曲线的频率，对时频图进行逆 Radon 变换，将时频图中的 N 条正弦累积成参数空间的 N 个点，估计出正弦曲线的幅度，即桨叶叶尖多普勒频率的最大偏移 f_B，也可以验证桨叶数量和转动频率估计的准确性。

时频分析的结果可以写为

$$\text{STFT}(\eta, f) \sim \delta(f - f_i(\eta)) = \delta(f - B_i \cos(\alpha_i + \varphi_i)) = \hat{g}(f, \alpha_i) \quad (3.57)$$

式中，$B_i \cos(\alpha_i + \varphi_i)$ 为微动分量的多普勒频率；$B_i = 4\pi f_0 f_{mi} A_i / c$；$\alpha_i = 2\pi f_{mi} \eta$；$i = 1, 2, \cdots, N$。微多普勒频率随时间呈正弦规律变化。根据图像重建理论，逆 Radon 变换可以实现从正弦曲线到参数空间的映射，具体实现步骤如下。

对时频图 $\hat{g}(f, \alpha_i)$ 关于频率 f 进行傅里叶变换，可以得到

$$\begin{aligned} G(v\cos\alpha_i, v\sin\alpha_i) &= \int_{-\infty}^{\infty} \hat{g}(f, \alpha_i) e^{-j2\pi f v} df \\ &= e^{-j2\pi B_i v \cos(\alpha_i + \varphi_i)} \end{aligned} \quad (3.58)$$

对式（3.58）进行极坐标转换，令 $k_p = v\cos\alpha_i$，$k_q = v\sin\alpha_i$，可得

$$G(k_p, k_q) = e^{-j2\pi B_i(k_p \cos\varphi_i - k_q \sin\varphi_i)} \quad (3.59)$$

再对式（3.59）进行关于变量 k_p、k_q 的二维逆傅里叶变换，可以得到逆 Radon 变换后的图像为

$$\begin{aligned} g(p, q) &= \int_{-\infty}^{\infty} \int_{-\infty}^{\infty} G(k_p, k_q) e^{j2\pi(k_p p + k_q q)} dk_p dk_q \\ &= \delta(p - B_i \cos\varphi_i) \cdot \delta(q + B_i \sin\varphi_i) \end{aligned} \quad (3.60)$$

可以看出，逆 Radon 变换将时频图中的一条正弦曲线映射为一个点 $(B_i \cos\varphi_i, -B_i \sin\varphi_i)$，根据这个点的坐标，可以估计正弦曲线的幅度和初相位。

在大多数信号处理过程中，信号都是离散形式的，将式（3.60）写成离散形式，即

$$g(l_p, l_q) = \delta\left(l_p - \frac{B_i}{\Delta f}\cos\varphi_i\right) \cdot \delta\left(l_q + \frac{B_i}{\Delta f}\sin\varphi_i\right) \quad (3.61)$$

式中，l_p 和 l_q 分别为 p 和 q 离散采样点的序号；$\Delta f = 1/T$ 是时频图的频率轴分辨率，T 为一个时间窗内的累积时间。设 $l_{pi} = B_i / \Delta f \cos\varphi_i$，$l_{qi} = -B_i / \Delta f \sin\varphi_i$，$(l_{pc}, l_{qc})$ 为逆 Radon 变换后参数空间的中心，则可以求出微多普勒频率的幅度为

$$B_i = \Delta f \sqrt{(l_{pi} - l_{pc})^2 + (l_{qi} - l_{qc})^2} \tag{3.62}$$

初相位为

$$\varphi_i = \begin{cases} 2\pi - \arctan\left|\dfrac{l_{qi} - l_{qc}}{l_{pi} - l_{pc}}\right|, & l_{pi}, l_{qi}\text{在第一象限} \\[4mm] \pi + \arctan\left|\dfrac{l_{qi} - l_{qc}}{l_{pi} - l_{pc}}\right|, & l_{pi}, l_{qi}\text{在第二象限} \\[4mm] \pi - \arctan\left|\dfrac{l_{qi} - l_{qc}}{l_{pi} - l_{pc}}\right|, & l_{pi}, l_{qi}\text{在第三象限} \\[4mm] \arctan\left|\dfrac{l_{qi} - l_{qc}}{l_{pi} - l_{pc}}\right|, & l_{pi}, l_{qi}\text{在第四象限} \end{cases} \tag{3.63}$$

注意到逆 Radon 变换需要在微动频率 f_{mi} 已知的条件下才能进行，在逆 Radon 变换之前，先要搜索微动频率。根据时频图估计微动频率的范围，用这个范围内的频率对微动回波做逆 Radon 变换，当且仅当频率等于 f_{mi} 时，逆 Radon 变换结果才会将正弦曲线映射为一个点，相当于将能量全部聚焦该点，该点将成为参数空间的最大值点；当频率不等于 f_{mi} 时，逆 Radon 变换后的能量无法聚焦，与 f_{mi} 差距越大，能量越分散，在这种情况下，参数空间最大值点的幅度一定小于频率为 f_{mi} 的情况。根据这个特性，可以采用逆 Radon 变换在一定频率范围内进行搜索，当逆 Radon 变换结果中最大值的幅度达到最大时，对应的频点就是这条正弦曲线的频率。

当回波中含有多个微动频率各异的微动分量时，每次频率搜索只能估计一个微动分量的参数，可以采用逐次消去的方法进行微动参数的估计。第一次搜索后，估计第一个微动分量的参数 B_1、f_{m1} 和 φ_1，利用这些参数值可以将该分量从回波中消去，消去的步骤如下。

❶ 利用参数的估计值反推出该分量在回波相位中的表达式，即

$$\tilde{\phi}_{m1}(\eta) = \frac{B_1}{f_{m1}}\sin(2\pi f_{m1}\eta + \varphi_1) \tag{3.64}$$

❷ 用式（3.64）对回波相位进行调制，即

$$s_{rcd}(\eta) = s'_{rc}(\eta)\exp\{-j\tilde{\phi}_{m1}(\eta)\} \tag{3.65}$$

❸ 对 $s_{rcd}(\eta)$ 进行傅里叶变换 $S_{rcd} = \text{FFT}[s_{rcd}(\eta)]$，将 S_{rcd} 中零频附近的采样点置零。

❹ 计算逆傅里叶变换 $s_{rcf}(\eta) = \text{IFFT}[S_{rcd}]$，此时第一个分量已经消去，由于式（3.65）导致回波中的其他分量产生了频移，因此还需将之前的频移补偿掉，即

$$s_{rc1}(\eta) = s_{rcf}(\eta)\exp\{j\tilde{\phi}_{m1}(\eta)\} \tag{3.66}$$

$s_{rc1}(\eta)$ 就是消去了第一个分量后的结果。用同样的方法依次搜索、估计、消去其他的微动分量，直到完成所有微动分量的参数估计。

（3）桨叶长度 L

在时频图中，闪烁从零频向外延伸到频率较高处是由旋翼转动过程中桨叶尾部到叶尖的切向速度逐渐递增导致其多普勒频率逐渐递增形成的，桨叶的长度可以由闪烁的带宽推导得来。闪烁的带宽等于正弦曲线的最大偏移，即叶尖的最大多普勒频偏。最大多普勒频偏 f_B 与桨叶长度 L 的定量关系为

$$f_B = \frac{4\pi f_0}{c}Lf_r \tag{3.67}$$

最大多普勒频偏 f_B 可通过逆 Radon 变换估计，由此可以计算桨叶长度为

$$\tilde{L} = \frac{c\tilde{f}_B}{4\pi f_0 \tilde{f}_r} \tag{3.68}$$

式中，$\tilde{f}_B$ 为桨叶叶尖最大多普勒频偏的估计值；$\tilde{L}$ 为桨叶长度的估计值。

2. 仿真分析

（1）基于公式推导回波的仿真分析

设雷达发射波的载频 f_0 为 5GHz，采样频率为 20kHz；直升机旋翼的旋转频率 f_r 为 5Hz，桨叶长度 L 为 5m，旋翼的桨叶数量 N 为 4，信噪比 SNR 为 25dB。雷达接收到的时域回波如图 3.67（a）所示，在采样的 0.2s 内，回波中出现了 3 个峰值（实际上在 0s 和 0.2s 处也存在峰值，位于图的边缘），对回波

进行时频分析，得到的时频图如图 3.67（b）所示，与时域回波相对应，时频图中有 3 个闪烁，从时频图关于零频线对称可以推断桨叶数量为偶数。因为在时频图中一共有 4 条正弦曲线，所以旋翼的桨叶数量 $\tilde{N}=4$。结合时域回波中相邻两个峰值之间的时间间隔 $\Delta t=0.05\text{s}$，由式（3.56）可以估计旋翼的转动频率 $\tilde{f}_r=5\text{Hz}$。图 3.67（c）是利用估计的 5Hz 对时频图进行逆 Radon 变换的结果，很明显，参数空间有 4 个峰值点，聚焦效果良好，验证了之前估计的桨叶数量和转动频率是准确的。对参数空间进行峰值位置的检测，利用逆 Radon 变换的参数估计算法，可以估计时频图中正弦曲线的最大多普勒频偏 $\tilde{f}_B=5227.4\text{Hz}$，将其代入式（3.68），可以计算叶片长度 $\tilde{L}=4.9918\text{m}$。

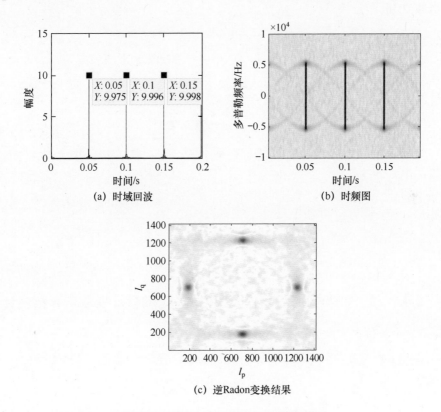

(a) 时域回波

(b) 时频图

(c) 逆Radon变换结果

图 3.67　基于公式推导回波的仿真结果

（2）基于 FEKO 几何模型回波的仿真分析

FEKO 几何模型参见图 2.27，根据时域回波图中峰值所在时刻，用 4 个时间间隔的均值作为 Δt 的估计值：$\Delta \tilde{t}$ 等于 0.0333s，结合 $\tilde{N}=3$，代入式（3.65），可以计算旋转频率 $\tilde{f}_r = 5.005\text{Hz}$；再用 $\tilde{f}_r$ 对时频图进行逆 Radon 变换，变换结果如图 3.68 所示。3 个虚线矩形框内的峰值点是桨叶叶尖转动产生的微多普勒频率经逆 Radon 变换在参数空间累积的结果，中间圆形框中的峰值点是桨叶尾部的累积结果，由于桨叶尾部的多普勒频率偏移量较小，因此 3 个桨叶尾部在参数空间不能分辨。检测桨叶叶尖所在峰值点的位置坐标，计算正弦曲线的最大多普勒频偏 $\tilde{f}_B = 1727.8\text{Hz}$，将其代入式（3.68），可以计算桨叶长度 $\tilde{L}' = 0.8249\text{m}$。注意，这个长度包含了桨叶尾部到桨毂的一小段距离。由于仰角 β 的存在，这个长度并不是桨叶的真实长度，若已知仰角 β，则真实长度的估计值就可以计算出来，结果为 $\tilde{L} = \tilde{L}' / \cos\beta = 2.4118\text{m}$，与几何模型的长度 2.4m 十分接近。

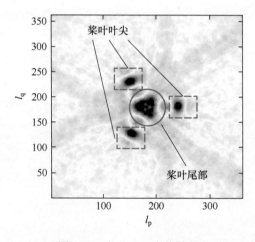

图 3.68　逆 Radon 变换结果

3.4.2　短驻留时间下直升机旋翼微多普勒特征提取与参数估计

1. 参数估计方法

图 3.69 为短驻留时间下直升机旋翼参数估计算法流程。具体参数估计方法如下。

（1）多普勒频率提取

在获得时频图后，从中提取桨叶叶尖的多普勒频率，即图 2.29（b）中的正弦曲线段。从时频图中提取多普勒频率最常用的方法是 Viterbi 算法。Viterbi 算法是从时频图中提取目标的多普勒频率，即

$$\tilde{f}_{\mathrm{D}}(n) = \arg\min_{k(n)}\left[\sum_{n=n_1}^{n_2-1} g(k(n),k(n+1)) + \sum_{n=n_1}^{n_2} h(\mathrm{STFT}(n,k(n)))\right] \quad (3.69)$$
$$= \arg\min_{k(n)} p(k(n);n_1,n_2)$$

式中，$p(k(n);n_1,n_2)$ 是惩罚函数 $h(x)$ 和 $g(x,y)$ 沿着 $k(n)$ 从时间采样点 n_1 到 n_2 的和；n 为时频图中的时间轴采样点序号；k 为频率轴采样点序号。对于一个特定的时间采样点 n，将时频图的值按照从大到小的顺序排列，即

$$\mathrm{STFT}(n,f_1) \geqslant \mathrm{STFT}(n,f_2) \geqslant \cdots \geqslant \mathrm{STFT}(n,f_j) \geqslant \cdots \geqslant \mathrm{STFT}(n,f_M) \quad (3.70)$$

式中，$j=1,2,\cdots,M$ 是第 n 个时间采样点的所有时频图的值在序列式（3.70）中的顺序。惩罚函数 $h(x)$ 可以定义为

$$h(\mathrm{STFT}(n,f_j)) = j-1 \quad (3.71)$$

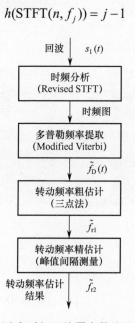

图 3.69　短驻留时间下旋翼参数估计算法流程

惩罚函数 $g(x,y)$ 是用来限制在相邻采样时间提取值的频率采样间隔，可以定义为

$$g(x,y) = \begin{cases} 0, & |x-y| \leqslant \varDelta \\ w\times(|x-y|-\varDelta), & |x-y| > \varDelta \end{cases} \quad (3.72)$$

应用 Viterbi 算法有一个限制条件，是不同分量的散射强度不能相同。由

于旋翼桨叶叶尖的对称性，因此各桨叶叶尖的散射强度一定是相同的。另外，Viterbi 算法的计算复杂度非常高。为了解决这些问题，本节对 Viterbi 算法进行了修改。

首先，要找到时频图中驻留时间所在的列，将时频图中每一列的所有值进行累加，即

$$\text{STFT}_{\text{sum}}(n) = \sum_{k=1}^{M} \left| \text{STFT}_{\text{r}}(n,k) \right| \tag{3.73}$$

式中，$|\cdot|$ 是求绝对值运算；n 为时频图的时间轴采样点序号；k 为频率轴采样点序号；M 是频率轴采样点个数；$\text{STFT}_{\text{sum}}(n)$ 是每一列累加后的结果，是一个一维数组。由于驻留时间所在列除了噪声，还有旋翼的多普勒频率，因此累加之后的幅值必然比其他列更高，可以采用恒虚警（Constant False-Alarm Rate，CFAR）来检测驻留时间所在列。CFAR 中，阈值的计算可以参考有关文献，这里不再赘述。用 CFAR 检测后，$\text{STFT}_{\text{sum}}(n)$ 中高于阈值的几列就是驻留时间所在的列。

然后，对驻留时间所在的列采用修改后的 Viterbi 算法来完成桨叶叶尖多普勒频率的提取。

第 n 列的多普勒频率可以用下式来提取，即

$$\tilde{f}_{\text{D}}(n) = \min_{k(n)} \{ g(k(n-1), k(n)) + h(\text{STFT}_{\text{r}}(n, k(n))) \}, n = 1, 2, \cdots, N_{\text{T}} \tag{3.74}$$

式中，N_{T} 是在每一段驻留时间内的最后一个时间采样点。惩罚函数 $g(x,y)$ 和 $h(x)$ 的定义与式（3.71）和式（3.72）一致，$h(x)$ 确保所提取的是时频图中亮度较高的部分，$g(x,y)$ 确保提取部分的连续性，令 $\Delta = 1$，有

$$
\begin{aligned}
&h(\text{STFT}(n, f_j)) = j - 1 \\
&g(x,y) = \begin{cases} 0, & |x-y| \leqslant 1 \\ w \times (|x-y|-1), & |x-y| > 1 \end{cases}
\end{aligned}
\tag{3.75}
$$

式（3.75）实际上表示的是路径选择问题，即从时频图中选择一条亮度较高并且连续的路径，w 的选取决定了高亮度和连续性这两个要素在路径判断过程中所占的比重。

需要注意的是，在每一段驻留时间内，第一列的多普勒频率不能通过式（3.74）提取，可以利用 CFAR 检测第一列的多普勒频率作为式（3.74）的初始值。

根据以上描述，采用修改后的 Viterbi 算法从时频图中提取多普勒频率的方法可以总结为以下三步：

❶ 将时频图每一个时间采样点（每一列）的绝对值相加［式（3.73）］；

❷ 利用 CFAR 检测时频图中驻留时间所在的列；

❸ 在每一个驻留时间段内，第一个时间采样点的多普勒频率用 CFAR 提取，将其作为初始值，并采用修改的 Viterbi 算法来提取后续几列的多普勒频率。

采用该算法不一定能提取时频图中所有的正弦曲线段，提取的正弦曲线段数量足以用于后续的转动频率估计。

（2）转动频率粗估计

在时频图中，叶尖的多普勒频率其实是一些正弦曲线段，对于正弦曲线段的频率估计问题，T. Thayaparan 等人提出了三点法，他们从时频图中切割出一小块，该部分仅包含一条正弦曲线段，选择曲线段上均匀分布的三点来估计该曲线段的频率。这里也可以采用三点法估计这些正弦曲线段的频率，即旋翼的转动频率。考虑一条离散的正弦曲线段

$$y(n) = A\sin(2\pi f_r n + \varphi) \tag{3.76}$$

通过选取该曲线段上均匀分布的 3 个点 $y(n_0 - n_{\text{interval}}), y(n_0)$ 和 $y(n_0 + n_{\text{interval}})$，这条正弦曲线段的频率就可以估计出来，即

$$\tilde{f}_{r1} = \frac{1}{2\pi n_{\text{interval}}} \times \arccos\left(\frac{y(n_0 - n_{\text{interval}}) + y(n_0 + n_{\text{interval}})}{2y(n_0)}\right) \tag{3.77}$$

式中，$y(n_0)$ 是该曲线段上除边缘以外的任意一点；n_{interval} 是选取的三点中相邻两个点之间的间隔。

为了减小估计误差，选择时频图上的多条正弦曲线段，应先用三点法来估计曲线段的频率，再求其均值得到最终频率估计结果。在短驻留时间下，正弦曲线段的长度较小，使用三点法估计结果的精度仍然较低，需要对频率估计结果进行改善。

（3）转动频率精估计

本节提出一种简单的方法——峰值间隔测量法来改善三点法估计结果 $\tilde{f}_{r1}$。图 3.70 为在长/短驻留时间下时域回波中相邻峰值时间间隔。用 Δt 表示长驻留时间下时域回波中相邻峰值时间间隔，用 $\Delta t'$ 表示短驻留时间下时域回波

中相邻峰值时间间隔。在短驻留时间下，由于一些时间段内目标多普勒频率的缺失，$\Delta t'$ 一般是 Δt 的倍数。为方便表示，在以下的推导过程中，用 $\Delta \tilde{t}_1$ 和 $\Delta \tilde{t}_2$ 表示 Δt 的两个估计值，用 $\Delta \tilde{t}'$ 表示 $\Delta t'$ 的估计值。

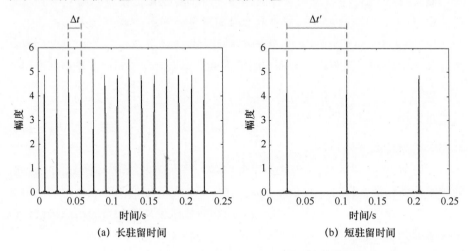

图 3.70　在长/短驻留时间下时域回波中相邻峰值时间间隔

用三点法估计转动频率 $\tilde{f}_{r1}$ 后，可以根据式（3.56）计算在长驻留时间下，时域回波中相邻峰值的时间间隔为

$$\Delta \tilde{t}_1 = \begin{cases} \dfrac{1}{\tilde{N}\tilde{f}_{r1}}, & \tilde{N} \text{ 为偶数} \\[3mm] \dfrac{1}{2\tilde{N}\tilde{f}_{r1}}, & \tilde{N} \text{ 为奇数} \end{cases} \tag{3.78}$$

在短驻留时间下，因为时频图中的正弦曲线数量无法获得，所以桨叶数量 N 不能通过正弦曲线数量得到，通过观察时频图可以发现，在闪烁所在直线上分布着一些正弦曲线段的交点（除了 $N=1$ 和 $N=2$ 时），用 N_{intersec} 表示闪烁所在直线上的交点个数，则 $\tilde{N}$ 与 N_{intersec} 之间的定量关系可以写成

$$\tilde{N} = \begin{cases} 2N_{\text{intersec}} + 2, & \tilde{N} \text{ 为偶数} \\[2mm] 2N_{\text{intersec}} + 1, & \tilde{N} \text{ 为奇数} \end{cases} \tag{3.79}$$

桨叶数量的奇偶性可以通过时频图是否关于零频线对称来判断，根据式（3.79），桨叶数量可以估计出来。

由图 3.70 可知，$\Delta t'$ 与 Δt 之间的定量关系为

$$\Delta t' = m \times \Delta t \tag{3.80}$$

式中，m 是一个正整数。在短驻留时间下，时域回波中相邻峰值时间间隔的估计值 $\Delta \tilde{t}'$ 可以直接从时域回波中获得，结合 $\Delta \tilde{t}_1$，m 的估计值 $\tilde{m}$ 就可以根据式（3.80）计算出来。注意，采用三点法估计的 $\tilde{f}_{r1}$ 存在较大的误差，导致估计值 $\Delta \tilde{t}_1$ 也是不精确的，估计值 $\tilde{m}$ 很有可能是一个小数而不是一个整数。因为从时域回波中得到的 $\Delta \tilde{t}'$ 相对比较精确，所以可以根据式（3.80）用较精确的 $\Delta \tilde{t}'$ 来改善估计值 $\Delta \tilde{t}_1$，即

$$\Delta \tilde{t}_2 = \frac{\Delta \tilde{t}'}{\lfloor \hat{m} + 1/2 \rfloor} \tag{3.81}$$

式中，$\lfloor \cdot \rfloor$ 表示向下取整运算；$\Delta \tilde{t}_2$ 是改善后的 Δt 估计值。一个更加精确的转动频率估计值 $\tilde{f}_{r2}$ 可以由 $\Delta \tilde{t}_2$ 计算出来，即

$$\tilde{f}_{r2} = \begin{cases} \dfrac{1}{\tilde{N} \Delta \tilde{t}_2}, & \tilde{N} \text{为偶数} \\[2ex] \dfrac{1}{2\tilde{N} \Delta \tilde{t}_2}, & \tilde{N} \text{为奇数} \end{cases} \tag{3.82}$$

2. 性能分析

（1）估计精度分析

转动频率的估计精度与一些参数，如驻留时间、雷达扫描周期以及旋翼转动频率有关，为了更进一步地探索分析，我们进行了三组在不同情境下的仿真来评估采用上述方法得出的转动频率精度。在三组仿真中，驻留时间、雷达扫描周期和旋翼转动频率的参数如表 3.13 所示，雷达发射波载频为 5GHz，采样频率为 20kHz，旋翼共有 4 片桨叶，每片桨叶长度为 5.5m。

表 3.13　三组仿真中的参数

仿真序号	驻留时间/ms	雷达扫描周期/s	旋翼转动频率/Hz
a	1.67~18.33	0.2	6
b	15	0.1~2.9	10
c	15	0.4	3~13

在三组仿真中，用相对误差

$$\delta = \frac{\tilde{f}_r - f_r}{f_r} \times 100\% \tag{3.83}$$

来衡量转动频率的估计精度，估计误差如图 3.71 所示。

由图 3.71 可知，只有当粗估计（coarse estimation）精度达到一个可以接受的范围时，精估计（delicate estimation）结果才会是一个较精确的值，如果粗估计精度误差非常大，那么精估计结果也会有很大误差，如图 3.71（b）和图 3.71（c）所示；当驻留时间短到一定范围时，粗估计精度误差很大，导致精估计结果出现错误，如图 3.71（a）所示；粗估计精度虽不受雷达扫描周期变化的影响，但随着雷达扫描周期的增大，精估计精度将会下降，如图 3.71（b）所示；极低的转动频率会导致粗估计精度误差很大，使精估计结果很不准确，如图 3.71（c）所示。

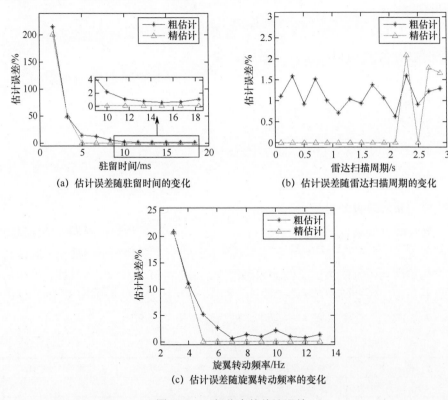

(a) 估计误差随驻留时间的变化   (b) 估计误差随雷达扫描周期的变化

(c) 估计误差随旋翼转动频率的变化

图 3.71　三组仿真的估计误差

下面将对上述现象进行详细分析。

① 精估计精度分析

由式（3.79）~式（3.82）可知，峰值间隔测量法的估计精度在很大程度上受参数 m 估计精度的影响。用 $\varepsilon_{\Delta t}$ 表示由 Δt 带来的估计误差，对于一个较小

的 x，有近似关系 $1/(1+x) \approx 1-x$，m 的估计值可以写为

$$\tilde{m} = \frac{\Delta \tilde{t}'}{\Delta \tilde{t}} = \frac{m\Delta t}{\Delta t + \varepsilon_{\Delta t}} = \frac{m}{1 + \varepsilon_{\Delta t}/\Delta t} \approx m\left(1 - \frac{\varepsilon_{\Delta t}}{\Delta t}\right) \qquad (3.84)$$

m 的估计误差 ξ_{m} 为

$$\xi_{\mathrm{m}} = m - \tilde{m} = \frac{m \times \varepsilon_{\Delta t}}{\Delta t} \qquad (3.85)$$

式（3.85）表示精估计的估计精度主要由参数 m、$\varepsilon_{\Delta t}$ 和 Δt 决定。参数 m 与雷达扫描周期有关，雷达扫描周期越大，m 越大。随着 m 的增大，精估计的识别率下降，与图 3.71（b）中的结果是一致的。估计误差 $\varepsilon_{\Delta t}$ 主要由粗估计的估计精度决定，粗估计的性能将在下面进行详细分析。间隔时间 Δt 与旋翼转动频率有关，转动频率越大，间隔时间越小。根据图 3.71（c），在实际转动频率范围内，增大旋翼的转动频率对精估计的性能影响非常小，可以忽略。

② 粗估计精度分析

为了表述方便，用 z 表示 $\cos(2\pi f_{\mathrm{r}} n_{\mathrm{interval}})$。根据式（3.77），$z$ 可以写为

$$z = \frac{y(n_0 - n_{\mathrm{interval}}) + y(n_0 + n_{\mathrm{interval}})}{2y(n_0)} \qquad (3.86)$$

假设 $\varepsilon(n)$ 是提取正弦曲线的误差，均值为 0，方差为 σ_{ε}^2，引入误差 $\varepsilon(n)$ 后，式（3.86）可改写为

$$\tilde{z} = \frac{y(n_0 - n_{\mathrm{interval}}) + \varepsilon(n_0 - n_{\mathrm{interval}})}{2(y(n_0) + \varepsilon(n_0))} + \frac{y(n_0 + n_{\mathrm{interval}}) + \varepsilon(n_0 + n_{\mathrm{interval}})}{2(y(n_0) + \varepsilon(n_0))} \qquad (3.87)$$

由于误差 $\varepsilon(n)$ 较小，因此可以将其平方项忽略，此时，z 的误差为

$$\xi_{\mathrm{z}} = \tilde{z} - z \approx \frac{\varepsilon(n_0 - n_{\mathrm{interval}}) + \varepsilon(n_0 + n_{\mathrm{interval}})}{2y(n_0)} - \cos(2\pi f_{\mathrm{r}} n_{\mathrm{interval}}) \frac{\varepsilon(n_0)}{y(n_0)} \qquad (3.88)$$

ξ_{z} 的均值等于 0，方差可以由式（3.88）推导，即

$$\mathrm{var}(\xi_{\mathrm{z}}) = \frac{2 + \cos(4\pi f_{\mathrm{r}} n_{\mathrm{interval}})}{2} \frac{\sigma_{\mathrm{z}}^2}{y^2(n_0)} \qquad (3.89)$$

由式（3.89）可知，估计精度由参数 $y^2(n_0)$、n_{interval} 和 σ_{z}^2 决定。

- 分析参数 $y^2(n_0)$：式（3.89）说明，$|y(n_0)|$ 越大，粗估计结果越精确。
- 分析参数 n_{interval}：在短驻留时间下，n_{interval} 通常满足 $0 \leqslant 2\pi f_r n_{\text{interval}} \leqslant \pi/2$，在这个区间内，$\cos(4\pi f_r n_{\text{interval}})$ 单调递减，估计精度会随着 n_{interval} 的增加而提高。在采用三点法估计时，通常让相邻两点之间的间隔 n_{interval} 尽可能大。当驻留时间短到一定程度后，n_{interval} 也随之变得很小，粗估计的精度会明显下降，与图 3.71（a）中的结果相符。
- 分析参数 σ_z^2：提取正弦曲线段引入的误差 $\varepsilon(n)$ 主要由两个方面产生。一方面，是由离散信号的量化带来的误差，将频率进行采样量化后，与真实频率有一定的差值。另一方面，是正弦曲线段提取过程中引入的误差，误差大小与提取方法的优劣有关。

一种减小离散量化误差的方法是在进行短时傅里叶变换时，在每一个短时窗中增加 FFT 的点数以提高量化级数。通过一组仿真来验证这种解决方法，表 3.14 列出了仿真结果，无论转动频率是 3Hz 还是 4Hz，用 1024 个 FFT 点数得到的估计结果都要比用 512 个 FFT 点数得到的结果更精确。

表 3.14　不同 FFT 点数下粗估计结果比较

转动频率/Hz	FFT 点数	转动频率粗估计结果/Hz
3	512	4.0224
	1024	2.8253
4	512	3.2567
	1024	3.991

随着旋翼转动频率的减小，正弦曲线逐渐趋向平缓，$y(n_0 + n_{\text{interval}}) - y(n_0)$ 和 $y(n_0) - y(n_0 - n_{\text{interval}})$ 随之减小，量化误差对估计结果的影响增大。当转动频率小到一定程度，以至于 $y(n_0 + n_{\text{interval}}) - y(n_0)$ 和 $y(n_0) - y(n_0 - n_{\text{interval}})$ 与量化误差在同一个数量级时，很有可能导致粗估计结果出现错误，该结论与图 3.71（c）相吻合。

由提取正弦曲线段引入的误差主要取决于采用的提取方法。一些文献采用峰值检测法。该方法可以用于从时频图中提取一条连续曲线，当时频图中有其他曲线干扰时，采用峰值检测法提取将会得到错误的结果。本节提出修改后的 Viterbi 算法可以在有其他干扰的条件下提取较光滑的正弦曲线段。这里通过一个仿真来比较这两种方法。图 3.72（a）是一个包含一条正弦曲线段的时频图，正弦曲线段周围还存在一些干扰，从图 3.72（b）和图 3.72（c）中能很明显地看出，修改后 Viterbi 算法的性能更好。

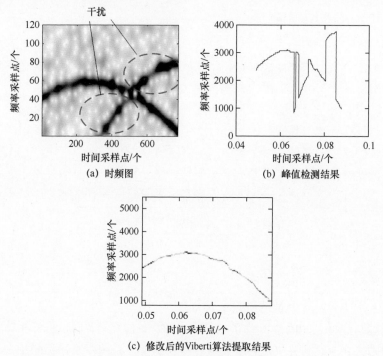

图 3.72　正弦曲线段提取结果比较

（2）信噪比分析

为了评估本节提出的算法在不同信噪比下的性能，我们进行了一些仿真，计算了在不同信噪比条件下粗估计和精估计结果的相对误差。表 3.15 为仿真中使用的参数。

表 3.15　仿真中使用的参数

参　　数	数　　值	参　　数	数　　值
载频	5GHz	桨叶数目	4
采样频率	20kHz	桨叶长度	5.5m
雷达扫描周期	0.2s	旋翼转动频率	6Hz
驻留时间	15ms		

在不同信噪比条件下，粗估计和精估计结果的估计误差如图 3.73 所示。可以看出，当 SNR 低于 10dB 时，噪声对估计结果有较强的干扰，估计出现了错误，估计误差较高，当 SNR 提高到 10dB 后，估计误差降低到一个可接受的

范围，精估计的结果与真实值基本相同。

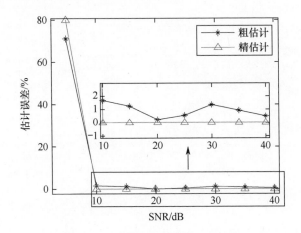

图 3.73　不同信噪比下的估计误差

3. 仿真分析

（1）基于公式推导回波的仿真分析

雷达与旋翼之间的位置关系参见图 2.23。在仿真中，假设目标主体已经从回波中消去，考虑回波中仅存在旋翼，用到的雷达系统以及目标的相关参数与表 3.15 一致，信噪比为 15dB。

对回波做时频分析，结果如图 3.74（a）所示，时频图中有两条闪烁和多条正弦曲线段。将时频图的每列绝对值累积相加，对结果运用 CFAR 检测驻留时间段，如图 3.74（b）所示，累积和高于阈值的时间段就是驻留时间段。图 3.74（c）是采用修改后 Viterbi 算法提取正弦曲线段的结果。根据前面分析得到的结论：曲线段越长、越光滑，频率估计结果越准确，通常选取长度和光滑度均较高的几条曲线段用于后续的三点法频率估计。在仿真中，选择的四条曲线段已经用矩形框框出，对这四条曲线段用三点法估计频率，估计结果列在表 3.16 中，对这四个结果求均值，可以得到最终的粗估计结果为

$$\tilde{f}_{r1} = \frac{1}{4}\sum_{i=1}^{4}\tilde{f}_{r1i} = 6.07505\text{Hz} \tag{3.90}$$

可以看出，求均值后的结果已经比直接通过三点法得到的结果有了明显的改善。

采用峰值间隔测量法来提高转动频率的估计精度，根据图 3.74（d）中的时

域回波结果，可以计算出在短驻留时间条件下相邻峰值的时间间隔 $\Delta \tilde{t}' = 0.2084\text{s}$，由式（3.79）～式（3.82），可以得到转动频率的精估计结果 $\tilde{f}_{r2} = 5.9981\text{Hz}$，与 $\tilde{f}_{r1}$ 比较，可以看出精度有了很大提高。

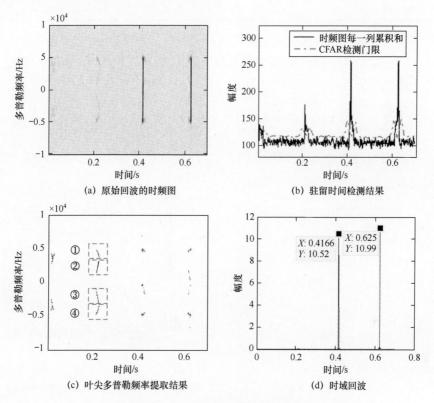

(a) 原始回波的时频图   (b) 驻留时间检测结果

(c) 叶尖多普勒频率提取结果   (d) 时域回波

图 3.74 公式推导回波的仿真结果

表 3.16 三点法估计转动频率结果

正弦曲线段序号（i）	三点间隔	转动频率粗估计结果/Hz
①	100	5.9739
②	100	6.0411
③	100	6.2113
④	100	6.0739

（2）基于 FEKO 几何模型回波的仿真分析

旋翼几何模型参见图 2.27，表 3.17 列出了雷达的有关参数，信噪比为 15dB。

表 3.17   仿真中使用的参数

参　　数	数　　值	参　　数	数　　值
载频	10GHz	雷达扫描周期	0.31s
采样频率	15kHz	驻留时间	20ms

采用在参数估计方法中提出的算法得到的仿真结果如图 3.75 所示，用以估计转动频率的几条曲线段已在图 3.75（c）中用矩形框框出。采用三点法对这几条曲线段进行粗估计的结果为

$$\tilde{f}_{r1} = \frac{1}{4}\sum_{i=1}^{4}\tilde{f}_{r1i} = \frac{1}{4}(4.9836 + 4.6848 + 5.3857 + 5.2236)\text{Hz} = 5.0694\text{Hz} \qquad (3.91)$$

用峰值间隔法对上面的结果进行改善，改善后的结果 $\tilde{f}_{r2} = 4.9981\text{Hz}$，该结果与真实值的相对误差小于 0.1%。

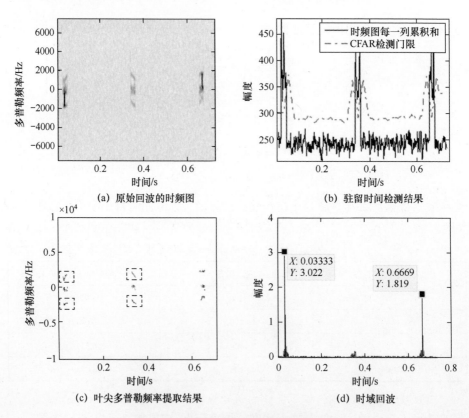

(a) 原始回波的时频图

(b) 驻留时间检测结果

(c) 叶尖多普勒频率提取结果

(d) 时域回波

图 3.75   FEKO 几何模型回波仿真结果

4. 算法对比

峰值检测法和传统 Viterbi 算法常常被用来提取时频图中目标的多普勒频率。本节将这两种算法与修改后的 Viterbi 算法进行比较。

首先需要考虑算法的计算复杂度。实际上，从时频图中提取多普勒频率的过程可以看作从时频图中寻找最优路径问题。峰值检测法和修改后的 Viterbi 算法都运用了贪婪算法的思想，在寻优过程中，每一步都保证惩罚函数最小，确保最终结果是最优的。这两种算法的不同之处在于惩罚函数不同。峰值检测法的惩罚函数是 $h(x)$，该惩罚函数仅仅选择亮度较高的路径。修改后 Viterbi 算法的惩罚函数是 $h(x)$ 和 $g(x,y)$ 的和，需要同时保证路径的高亮度和连续性，算法复杂度略高者。传统 Viterbi 算法需要计算从起始时间点到终止时间点之间所有路径的惩罚函数 $h(x)$ 和 $g(x,y)$ 之和，寻找惩罚函数之和最小的那条路径，计算复杂度远远高于前两种方法。

再来比较这几种方法的估计准确性。这里仍然采用标准均方根误差来衡量提取结果的准确性。由于提取的是多普勒频率，因此将微动位移的真实值和估计值用多普勒频率的真实值和估计值代替。以提取图 3.72（a）中正弦曲线为例，峰值检测法提取结果如图 3.72（b）所示，提取结果的标准均方根误差 $\mathrm{NRMSE}=0.1939$；修改后 Viterbi 算法的提取结果如图 3.72（c）所示，提取结果的标准均方根误差 $\mathrm{NRMSE}=7.49\times10^{-4}$；传统 Viterbi 算法提取结果如图 3.76 所示，提取结果的标准均方根误差 $\mathrm{NRMSE}=7.80\times10^{-4}$。由以上结果可知，峰值检测法的估计精度远远低于后两种方法，修改后 Viterbi 算法和传统 Viterbi 算法的估计精度相当。综合考虑计算复杂度和估计准确性这两个方面可以看出，修改后 Viterbi 算法要优于另外两种方法。

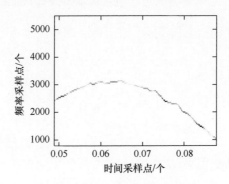

图 3.76 传统 Viterbi 算法提取结果

综上所述，本节以转动直升机旋翼为研究对象，将旋翼桨叶看作多个线目标，由转动点目标的回波推导出转动桨叶的回波公式，深入研究了转动桨叶回波中的微多普勒效应，挖掘其与桨叶物理结构之间的关联，结合微多普勒特征提取算法，估计出桨叶的数量、转动频率以及长度等参数。考虑到在很多情况下，目标可能不会持续处于雷达波束中，本节提出了一种适用于短驻留时间下的直升机旋翼参数估计算法：首先用修改后的 Viterbi 算法从时频图中提取出桨叶叶尖的多普勒频率，即多条正弦曲线段；然后用三点法粗略估计正弦曲线段的频率，即旋翼的转动频率；最后用峰值间隔测量法对转动频率的估计结果进行改善，得到精确的估计值。通过从估计精度和信噪比适用范围这两个方面对该算法的性能进行分析可知，在雷达和旋翼的正常参数值范围内以及高于 10dB 的信噪比条件下，应用该算法可以获得比较精确的转动频率估计值。将修改后的 Viterbi 算法与峰值检测法和传统的 Viterbi 算法进行比较可知，修改后的 Viterbi 算法在保证准确性的同时，还有较低的计算复杂度。综上，本节提出的短驻留时间下旋翼参数估计算法克服了传统算法只能从包含完整旋翼转动周期的回波中估计出旋翼参数的缺陷，能够从仅包含完整微动周期的一部分回波中估计出转动频率，为研究多任务雷达的目标分类与识别提供了新思路。

3.5 小结

本章分别从空对地场景、地对地场景和地对空场景出发，研究了空对地场景下的典型地面人车目标分类识别方法，从微多普勒特征提取手段和深度学习网络两个方面，实现了人车目标的高精度识别；研究了地对地场景下的典型地面物种分类算法，实现了人、狗、汽车和树的高精度分类；研究了地对空场景下直升机目标微动参数估计方法，实现了直升机桨叶旋转参数的估计，为具有旋转部件的空中微动目标分类识别提供依据。本章内容是对不同地空目标微多普勒效应的理论升华，丰富了微多普勒特征提取方法和目标识别算法，可为微多普勒效应的应用提供一种有效技术支撑。

参 考 文 献

[1] 李亚峻，李月，高颖. 基于双谱幅值和相位重构的地震子波提取[J]. 地球物理学进展，

2007，22（3）： 947-952.

[2] 王星，周一鹏，周东青. 基于深度置信网络和双谱对角切片的低截获概率雷达信号识别[J]. 电子与信息学报，2016，38（11）：2972-2976.

[3] 蒋留兵，吉雅雯，杨涛. 基于双谱特征的超宽带雷达人体目标识别[J]. 电讯技术，2015，9：953-958.

[4] 杨少奇，田波，周瑞钊. 应用双谱分析和分形维数的雷达欺骗干扰识别[J]. 西安交通大学学报，2016，50（12）：128-135.

[5] STOVE A G. A Doppler-based target classifier using linear discriminants and principal components[C]//Seminar on High Resolution Imaging and Target Classification. London: IET, 2007: 177-194.

[6] 陈凤，刘宏伟，杜兰. 基于特征谱散布特征的低分辨雷达目标分类方法[J]. 中国科学：信息科学，2010，40（4）：624-636.

[7] 李彦兵，杜兰，刘宏伟. 基于微多普勒效应和多级小波分解的轮式履带式车辆分类研究[J]. 电子与信息学报，2013，35（4）：894-900.

[8] LI Y, DU L, LIU H. Hierarchical Classification of Moving Vehicles Based on Empirical Mode Decomposition of Micro-Doppler Signatures[J]. IEEE Transactions on Geoence and Remote Sensing, 2013, 51(5): 3001-3013.

[9] 刘钢. 基于压缩感知和稀疏表示理论的图像去噪研究[D]. 成都：电子科技大学，2013.

[10] 刘通，马程远，沈松. 压缩感知在电能质量扰动信号去噪中的应用[J]. 电子测量与仪器学报，2017，31（10）：1653-1658.

[11] 隋昊，周萍，沈昊. 基于混沌序列的压缩感知语音增强算法[J]. 微电子学与计算机，2018，35（1）：96-99.

[12] 刘畅，伍星，毛剑琳，等. 压缩感知在滚动轴承振动信号降噪中的应用[J]. 机械科学与技术，2016，35（2）：192-195.

[13] LI Y B, DU L, LIU H W. Analysis of micro-Doppler signatures of moving vehicles by using empirical mode decomposition[C]//IEEE Radar Conference. Boston: IEEE, 2019.

[14] LIN Y, ZHAO Z, YIN K, et al. A feature directly extracted from Intrinsic Mode Functions[C]//IEEE Radar Conference. Seattle: IEEE, 2017.

[15] ZHAO Y, SU Y. The Extraction of Micro-Doppler Signal With EMD Algorithm for Radar-Based Small UAVs' Detection[J]. IEEE Transactions on Instrumentation and Measurement, 2019, 69(3): 929-940.

[16] 樊凤杰，轩凤来，白洋. 基于 EEMD 的中药三维荧光光谱去噪方法研究[J]. 高技术通信，2019，29（1）：78-84.

[17] 方军强，周新聪，赵旋. 基于 EEMD 和分形维数的船用齿轮箱故障诊断[J]. 船海工程，2016，45（4）：131-133.

[18] 林萍，陈华杰，林封笑. 基于 EEMD 的车辆微动信号提取及分类[J]. 传感器与微系统，2017, 36(10): 38-44.

[19] DU L, MA Y, WANG B, et al. Noise-robust classification of ground moving targets based on

time-frequency feature from micro-Doppler signature[J]. IEEE Sensors Journal, 2014, 14(8): 2672-2682.

[20] KIM Y, MOON T. Human detection and activity classification based on micro-Doppler signatures using deep convolutional neural networks[J]. IEEE Geoscience and Remote Sensing Letters, 2016, 13(1): 8-12.

[21] CHEN Z, LI G, FIORANELLI F, et al. Personnel Recognition and Gait Classification Based on Multistatic Micro-Doppler Signatures Using Deep Convolutional Neural Networks[J]. IEEE Geoscience and Remote Sensing Letters, 2018, 15(5): 669-673.

[22] CAO P, XIA W, YE M, et al. Radar-ID: human identification based on radar micro-Doppler signatures using deep convolutional neural networks[J]. IET Radar, Sonar and Navigation, 2018, 12(7): 729-734.

[23] KARABAYIR O, KARTAL M Z, YÜCEDA O M. Convolutional neural networks-based aerial target classification using micro-Doppler profiles[C]//25th Signal Processing and Communications Applications Conference (SIU). Antalya: IEEE, 2017.

第 4 章
基于微多普勒效应的人体步态识别

4.1 引言

本章在上一章物体种类识别的基础上,对人体运动进行深入研究,实现了人体动作的分类与人体身份识别。人体身份识别的方法多种多样,这些方法通常基于生物特征、光学或声音等传感器技术。由于每个人的运动特征都是独特的,一些可穿戴传感器也被用来进行身份识别。这些方法虽然取得了较高的识别率,但仍有局限性。为了确保可穿戴传感器顺利运行,穿戴时有严格要求,这在一定程度上影响了人的正常生活。基于视频或图片的方法通常需要良好的视线条件,在一定程度上侵犯了人们的隐私。此外,对指纹、巩膜等生物特征的研究也十分广泛,虽然这些方法的识别率比其他方法高,但是收集数据非常困难,在一定程度上限制了应用。由于人体的身高、体重、密度、行走方式是独特的,产生的微多普勒信号也具有独特性。因此本章首先根据人体的动作判断人体在做什么运动,再根据这个运动来识别人体的身份,首次证明了使用雷达微多普勒信号结合机器学习方法可以实现身份识别。

主要内容安排如下:4.2 节对同一人体不同动作的雷达回波信号进行处理,选取相关微多普勒特征;4.3 节对不同人体同一个动作的信号进行处理,同样选取相关特征并对时频图进行相关处理;4.4 节将前两节提出的微多普勒特征以及时频图分别作为传统机器学习算法和深度学习算法的输入,得到人体动作与身份识别的结果,并进行比较与说明;4.5 节为本章小结。

4.2 人体动作分类与身份识别

4.2.1 动作分类

1. 同一个人不同动作的雷达回波

人体在运动时，不同动作对于雷达信号的调制不一样，采集到的雷达回波信号也不相同。图 4.1 为同一个人不同动作雷达回波信号的时频图。从图中可以看出，人体在站立时，除了心跳的回波信号，几乎没有信号。原地摆臂和原地拳击的信号虽有一定的相似，但是原地拳击并不像原地摆臂一样两条手臂有规律地交替运动，拳击运动在数据采集时挥臂相对自由，两条手臂在运动时产生的回波信号会有交叠，周期性不强，人体躯干会有一些运动，躯干的能量相对较大，并且会有一些起伏。跑步的信号也有手臂摆动信号，由于在跑步时手臂摆动幅度不大，频率比较快，因此与原地摆臂有很大区别，同时跑步信号加入了下肢与躯干运动，回波信号能量更强。蹲起运动主要是躯干的上下起伏，运动周期较长，幅度较小，与其他运动有很大差别。

2. 特征选取与处理

所采用的特征如下：

- 总多普勒频移。
- 多普勒信号的总带宽。
- 归一化信号能量。
- 信号周期。

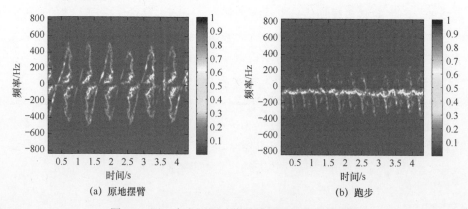

(a) 原地摆臂　　　　　　　　　　　(b) 跑步

图 4.1　同一个人不同动作雷达回波信号的时频图

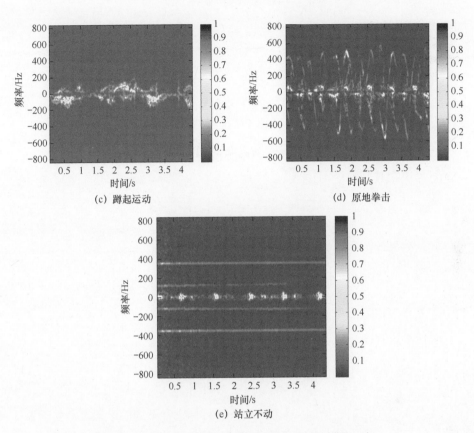

图 4.1　同一个人不同动作雷达回波信号的时频图（续）

CW 雷达的差拍信号可以表示为

$$S_{\mathrm{B}}(t) = A_{\mathrm{m}} \exp[\mathrm{j}\phi] = A_{\mathrm{m}} \exp\left[\frac{\mathrm{j}4\pi R}{\lambda}\right] \tag{4.1}$$

式中，ϕ 是差拍信号的相位项；λ 为波长；距离项 R 与相位项 ϕ 呈线性关系，并且距离差与相位差呈线性关系。将同一接收通道两个数据点的展开相进行比较，可以得到两个点之间的距离差为

$$D = \frac{\lambda \Delta\phi}{4\pi} \tag{4.2}$$

式中，D 是距离差和径向位移；$\Delta\phi$ 代表相位差。考虑到两个相邻点之间的间隔很短，在此间隔内目标的速度几乎是恒定的，因此区间的径向速度和平均径

向速度分别表示为

$$v_i = \frac{D_i}{t} = \frac{\lambda \Delta \phi_i}{4\pi} \times f_{\mathrm{s}} \qquad (4.3)$$

$$v = \frac{1}{n} \sum_{i=1}^{n} v_i \qquad (4.4)$$

式中，f_{s} 是采样频率；n 是一段时间内时间间隔的总数。

雷达微多普勒频移为

$$f_{\mathrm{d}} = \frac{2v}{\lambda} \qquad (4.5)$$

雷达信号的总能量为

$$E = \int S_{\mathrm{B}}(t) \times S_{\mathrm{B}}^*(t) \qquad (4.6)$$

式中，E 代表信号能量；S_{B} 代表雷达信号。

对能量进行归一化，有

$$E_{\mathrm{norm}} = \frac{S_{\mathrm{B}}(t)}{E} \qquad (4.7)$$

从图 4.1 的频谱图中可以看出，当人体目标进行不同的运动时，由于人体运动的幅度不一样，因此人体在运动时产生的能量也不一样，不同的运动，如蹲起运动和原地摆臂，运动方式不一样，波形和周期也会有很大不同。

图 4.2 为不同动作特征估计值的三维图形。从图中可以看出，这几种运动还是有一定差异的，其中站立不动、蹲起运动以及跑步的特征极为明显且互不相关，原地摆臂和原地拳击在周期和带宽上有一定的重复，使用传统机器学习算法应能以较高的识别率将站立不动、蹲起运动以及跑步这三种不同的动作区分，在对原地摆臂和原地拳击进行分类时，误判率会相对较高。

3. 时频图的预处理

本节对雷达回波信号进行短时傅里叶变换时，需要选取合适的时间窗和滑动步长来捕捉目标在多普勒频域中的特征。经过反复实践，当时间窗为 35/255s 时，时频图中能够观察到的多普勒特征较为明显，滑动步长为 1/2000s；当时间窗增大时，截取的信号会变长，经傅里叶变换后，时间分辨率会变差；当时间窗减小时，截取的信号会变短，经傅里叶变换后，频率的分辨率会变差。

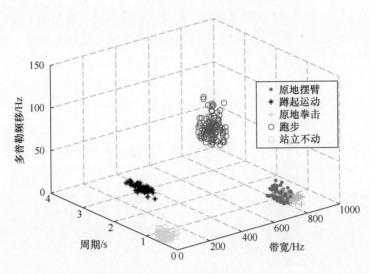

图 4.2　三维特征图

　　首先，由于深度卷积神经网络在训练时需要较大的数据量，为了扩大数据集，将一次采集的数据平均分为五个部分，在对五个部分进行短时傅里叶变换后，采用平移、旋转、缩放、镜像和裁剪等基本的图像变换方法对频谱图进行处理。这些方法可以在扩充数据集的同时不改变图像的基本性质，意味着分类结果不会受到变换的影响。在这些操作后，每种动作频谱图的数量为 4000。

　　其次，为了检验深度卷积神经网络的抗噪声性能，本节在雷达回波信号中添加了几个不同信噪比的随机噪声（SNR=30dB, 20dB, 15dB, 10dB, 1dB），在对加入噪声后的雷达回波进行短时傅里叶变换后得到相应频谱图，随后从每个噪声等级的频谱图中随机选取 100 幅频谱图作为深度卷积神经网络的输入，来研究深度卷积神经网络的抗噪性。对于每个噪声等级，整个过程包括从选取时频图到使用网络计算重复 100 次，以平均识别率作为最终结果。当对传统机器学习算法的抗噪声性进行测试时，本节首先在雷达回波信号中加入不同等级信噪比的噪声，然后选取相应的特征作为传统机器学习算法的输入，从而得到最后的分类结果。

4.2.2　身份识别

1. 不同人体的雷达回波

　　由于不同人体结构具有一定的差异，不同的人体进行同样的运动，会产生不同的微多普勒信号，图 4.3 为四个人在跑步时的时频图。可以看出，这些时频图中的信号各不相同。在时频图中，最强的回波来自人体躯干，躯干回波周围的周期性波形来自四肢的运动。图 4.3（d）中由四肢运动产生的能量比其他三幅频谱图更强，波形更接近于三角波，其他三幅图中的波形更接近正弦波。图 4.3（a）、（b）、（c）中，由四肢运动产生的回波除了在幅度和能量上存在微小差异，其他方面非常相似，加大了使用微多普勒信号识别不同人物身份的难度。根据由四肢运动产生的多普勒宽度，图 4.3（a）和（b）的被试者的四肢长度大于图 4.3（c）和（d），可以推断图 4.3（a）和（b）的被试者有更高的身高，与实际采集的目标状况相符。

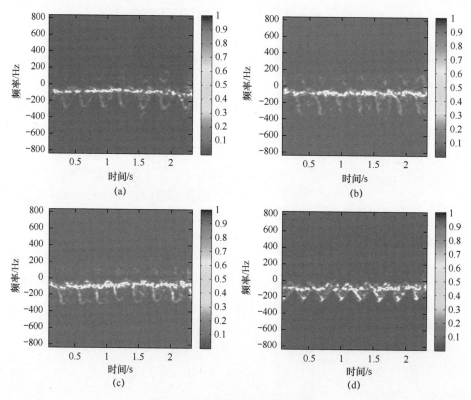

图 4.3　四个人在跑步时的时频图

2. 特征选取与处理

当使用传统机器学习算法进行识别时，需要使用选取出来的微多普勒特征，微多普勒特征如下：

● 人体躯干/径向速度。

- 多普勒频移。
- 多普勒带宽。
- 信号周期。
- 信号的总能量。
- 基于主成分分析（Principal Component Analysis，PCA）的特征。

这里选取两个主成分分析的特征：第一个特征称为潜特征，是协方差矩阵的主成分方差；第二个是 Hotelling's T-squared statics。

图 4.4 为四个人特征估计值的三维图形。图中展示的三个选取特征分别为多普勒频移、带宽以及周期。四个人的特征虽然有一些差异，但是总体来讲非常相似，使用传统机器学习算法进行身份识别相对困难，识别率也会相对较低。

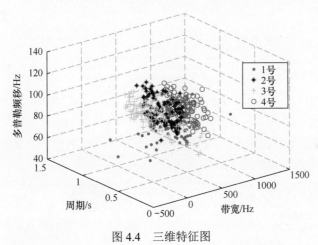

图 4.4　三维特征图

3．时频图预处理

对不同人体目标的运动回波进行短时傅里叶变换时，需要选取适当的时间窗和滑动步长来捕获目标在多普勒域中的特征。经过反复实践，当时间窗为 0.132s 时，时频图中的微多普勒特征较为明显，选取的滑动步长为 1/2000s；当时间窗变大时，经傅里叶变换后，时间的分辨率会变差；当时间窗减小时，经傅里叶变换后，频率的分辨率会变差。

首先，由于深度卷积神经网络需要的数据量较大，为了扩展数据集，将一次采集的数据平均分为五个部分，对五个部分进行短时傅里叶变换后，采用平移、旋转、缩放、镜像和裁剪等基本的图像变换方法对频谱图进行处理。这些方法可以在扩充数据集的同时不改变图像的基本性质，意味着身份识别结果不会受到变换的影响。在这些操作后，每个人体目标频谱图的数量为 4000。

其次，为了检验深度卷积神经网络的抗噪声性能，本节在雷达回波信号中添加了几个不同信噪比的随机噪声（SNR=30dB,20dB,15dB,10dB,1dB），在对加入噪声后的雷达回波进行短时傅里叶变换后得到相应频谱图，随后从每个噪声等级的频谱图中随机选取 100 幅频谱图作为深度卷积神经网络的输入，来研究深度卷积神经网络的抗噪性。对于每个噪声等级，整个过程包括从选取时频图到使用网络计算重复 100 次，以平均识别率作为最终结果。当对传统机器学习算法的抗噪声性进行测试时，本节首先在雷达回波信号中加入不同等级信噪比的噪声，然后选取相应的特征作为传统机器学习算法的输入，从而得到最后的分类结果。由于不同的人群数量对识别结果有一定的影响，因此本节选取了人群数量为 4 和 10，分别对算法抗噪声性进行研究。

4.2.3　动作分类与身份识别结果

1. 传统机器学习算法

图 4.5 为使用 SVM 算法和 NB 算法对人体动作进行分类的混淆矩阵。从图中可以看出，SVM 算法的平均识别率为 95.8%，NB 算法的平均识别率为 90.6%，SVM 算法的识别效果要明显好于 NB 算法，两种算法出现的错误主要集中在对原地拳击和原地摆臂的判断。

图 4.5　使用 SVM 算法和 NB 算法对人体动作进行分类的混淆矩阵

图 4.6 为使用 SVM 算法和 NB 算法进行身份识别的混淆矩阵。从图中可以看出，当识别的人群数量是 4 时，SVM 算法的平均识别率为 84.25%，NB 算法的平均识别率为 78%，SVM 算法的识别效果要明显好于 NB 算法。

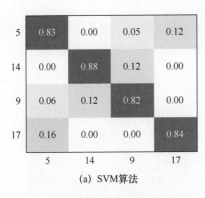
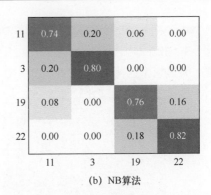

| | (a) SVM算法 | | | | (b) NB算法 | |

图 4.6　使用 SVM 算法和 NB 算法进行身份识别的混淆矩阵

2. Alexnet 模型训练

首先，对 Alexnet 进行微调。本节采用 Rectified Linear Units（ReLU）作为激活函数，各层采用最大池化的池化方式。本节将学习率调整为 0.0001，因为当学习率较大时，损失不会收敛，当学习率较小时，训练过程会消耗很长的时间。将最大迭代次数调整为 5000 次时得到的结果趋于稳定。由于本节采用梯度下降法求解优化问题，因此在每 1000 次迭代之后，我们将学习速率降低到 $0.0001\times0.9^{(\text{floor}(5000/1000))}$，权重衰减改为 0.0005，训练和验证网络的定义和每一层的参数都记录在一个特定的文件中。在这个文件中，输入图片的大小被重新调整为 227×227，因为 Alexnet 整个网络的输入为 227×227。"训练"部分和"测试"部分 batch 的数量分别调整为 32 和 16。batch 定义的数量表示每次迭代中获取的样本数量。这些样本梯度的平均值用于更新网络参数。Batch 数量决定了梯度下降的方向、收敛的效果和速度以及内存利用率。由于用于训练的频谱图多于用于测试的频谱图，因此"训练"部分的 batch 数量大于"测试"部分的 batch 数量。在全连接层中，将偏差学习率调整为 10，权重学习率调整为 20，以加快该层的学习速度。

在使用 Alexnet 对同一人体的动作进行分类时，网络训练的时间约为 10min，当网络训练结束后，网络存储的模型参数，如权重等，是符合本节数据集的。随机选择几幅不同动作的时频图来测试已经训练好的网络。每幅时频图的测试过程耗时约为几毫秒。这个时间非常短，表明这种方法很适合实时的人体动作分类。图 4.7 分别给出了第一层卷积层和第三层卷积层输出的特征图。从图中可以看出，与第一层卷积层提取出的特征相比，第三层卷积层提取出的特征更加抽象。图 4.8 为使用 Alexnet 对人体不同动作进行分类的混淆矩阵。可以计算使用 Alexnet 对人体五种不同动作进行分类的平均识别率为 99.6%，几乎能区分每一个动作。图 4.9 为训练过程的识别率和损失值的变化,识别率最终的收敛值接近于 1,损失值逐渐趋于 0。表明网络没有过拟合,并且该方法能将不同动作以较高的识别率区分。

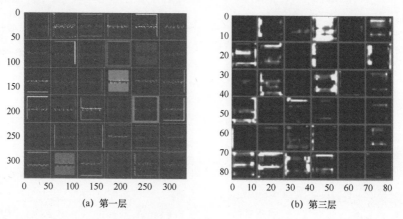

(a) 第一层   (b) 第三层

图 4.7 使用 Alexnet 对同一人体动作进行分类时,第一层和第三层卷积层输出的特征图

	蹲起	原地拳击	原地摆臂	站立不动	跑步
蹲起	1.00	0.00	0.00	0.00	0.00
原地拳击	0.00	1.00	0.00	0.00	0.00
原地摆臂	0.00	0.00	0.98	0.00	0.02
站立不动	0.00	0.00	0.00	1.00	0.00
跑步	0.00	0.00	0.00	0.00	1.00

图 4.8 使用 Alexnet 识别的混淆矩阵

当使用 Alexnet 对不同人体进行身份识别时,网络总共进行了 10000 次迭代。当人群数量为 4 时,网络训练时间约为 10min;当人群数量为 10 时,网络训练时间约为 25min。网络训练结束后,网络存储的模型参数,如权重等是符合本节数据集的。随机选择几幅频谱图来测试已经训练好的网络。每幅时频图测试过程耗时约为几毫秒,时间非常短,表明这种方法很适合实时的人体身份识别。图 4.10 分别给出了第一层卷积层和第三卷层积层输出的特征图。从图中可以看出,与第一层卷积层提取出的特征相比,第三层卷积层提取出的特征更加抽象。

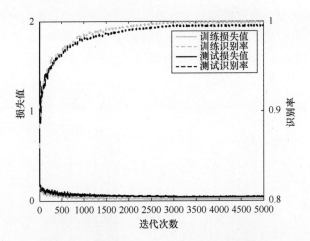

图 4.9　识别过程中的识别率和损失值的变化

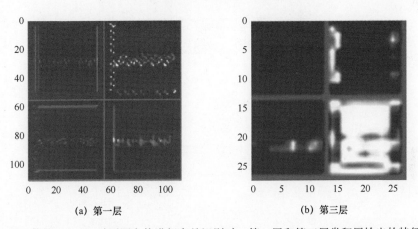

(a) 第一层　　　　　　　　　(b) 第三层

图 4.10　使用 Alexnet 对不同人体进行身份识别时，第一层和第三层卷积层输出的特征图

图 4.11 为不同人群数量（分别为 4 和 10）在不同信噪比时随机噪声的分类结果。可以观察到，当信噪比降低时，不同人群数量的身份识别率均会下降。与信噪比下降的程度相比，识别率下降的速率非常小，可以忽略，说明深度卷积神经网络算法在进行人体身份识别时具有良好的抗噪声性能。

其次，本节也研究了人群数量对于人体身份识别的影响，人群数量为 4、6、8、10、12、16、20，分别研究了使用深度卷积神经网络对不同人的身份进行识别的识别率。使用训练好的 Alexnet 网络，并且在所有雷达回波信号中均加入了信噪比为 15dB 的随机噪声。在研究过程中，首先随机从数据库中选取相应数量的目标，每个目标随机选取 100 张频谱图进行识别，整个过程包括从选取时频图到使用网络计算重复 100 次，以平均识别率作为最终结果。图 4.12 为当人群数量为 6 时，识别过程中的识别率和损失值的变化，识别率最终收敛于 0.9 左右，损失值逐渐趋于 0，说明网络并没有过拟合，识别率也相对较高。

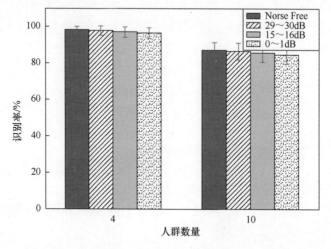

图 4.11　DCNN 的抗噪性能

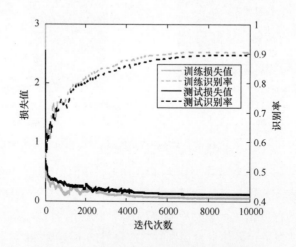

图 4.12　识别过程中的识别率和损失值的变化

图 4.13 为最终结果。随着人群数量的增加，识别率逐渐降低，当人群数量不大于 10 时，识别率在 85%以上。这个结果可以与传统的身份识别方法，如视频等相媲美。图 4.14 为对七种不同人群数量进行身份识别时得到的混淆矩阵，结合混淆矩阵与图 4.13 可知，当人群数量不大于 10 时，个体从一个人

群中被识别出来的可能性较大。

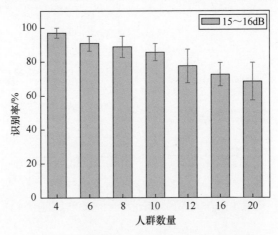

图 4.13　人群数量对于 DCNN 识别率的影响

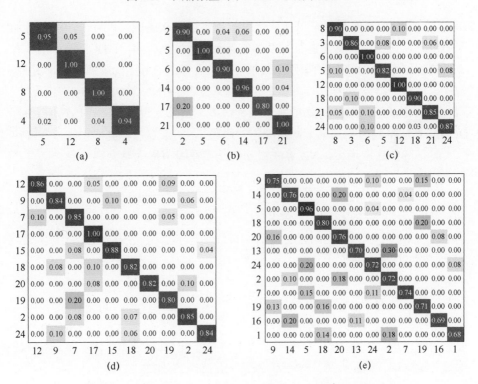

图 4.14　使用 Alexnet 对不同人群进行身份识别时的混淆矩阵

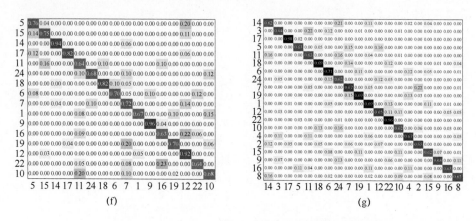

图 4.14　使用 Alexnet 对不同人群进行身份识别时的混淆矩阵（续）

3. 结果比较

图 4.15 为动作判断时三种算法的抗噪声性。从图中可以看出，当没有加入噪声时，使用三种算法进行判断的结果都大于 90%，并且 DCNN 算法具有最高的识别率，NB 算法的识别率最低。当加入雷达信号中的噪声逐渐增大时，三种算法对于动作分类的识别率均会下降，其中 DCNN 算法的抗噪声性最好，SVM 算法次之，而 NB 算法的抗噪声性最差。具体来说，当噪声逐渐增大时，DCNN 算法得到的识别率下降速度相对平稳，SVM 算法得到的识别率在噪声较大时下降的速度增大，NB 算法得到的结果在噪声增大时急剧下降。

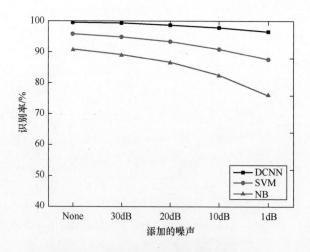

图 4.15　动作判断时三种算法的抗噪声性

表 4.1 和图 4.16 比较了使用 DCNN 算法、SVM 算法、NB 算法对于人群数量为 4 的身份识别率。由图 4.16 可知，当没有加入噪声时，DCNN 算法的身份识别率接近 100%，SVM 算法的身份识别率大于 80%，NB 算法的身份识别率大于 75%、小于 80%，DCNN 算法的抗噪声性明显好于 SVM 算法和 NB 算法。具体来说，当在雷达信号中加入的噪声逐渐增大时，DCNN 算法识别率下降比较平稳，NB 算法的身份识别率急剧下降，SVM 算法介于两者之间。传统的监督学习方法严重依赖提取的特征，不同的特征会导致不同的结果。这可以成为提高识别率的途径，对于特征的选取，需要操作者对该领域有深刻的认识，不利于实际应用。

表 4.1　DCNN 算法、SVM 算法、NB 算法识别率

算　　法	识别率
DCNN	97.25%
SVM	84.25%
NB	78%

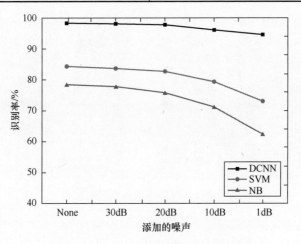

图 4.16　身份识别时三种算法的抗噪声性

4.3　基于单一步态模式的单人步态识别

4.3.1　引言

在日常生活中，人们的服饰会随着时间发生较大的改变，尤其是当时间跨度较长时。有文献表明，服饰也会对步态识别产生一定的影响。这意味着，提

取相对稳定的特征是实现稳定识别的关键。本章首先利用短时傅里叶变换（Short Time Fourier Transform，STFT）对原始信号进行表征，然后采用 CNN + RNN 的双通道网络结构对频谱进行分类和识别（利用在图像分类中广泛使用的 CNN 来实现分类，使用 RNN 提取不同维度的特征以确保稳定性），在保证识别率的同时，可确保识别方法的稳定性。

4.3.2　步态数据集的构成

为了实现基于步态的身份识别，首先需要构建相应的步态数据集以对识别方法进行评估。在单一步态数据集的构建过程中，共有 4 名男性和 3 名女性参与，男性的平均体重和身高分别为 70kg 和 175cm，女性的平均体重和身高分别为 46kg 和 160cm，所有参与者的年龄均处于 20～25 岁之间。在数据采集过程中，每个人沿着雷达视线以 10s 一次的时间走向雷达，参与者距雷达的起始距离约为 10m。数据采集发生在光线较为昏暗的走廊中。图 4.17 给出了实验场景。

图 4.17　步态数据采集的实验场景

为了在探索识别方法正确性的同时探索识别方法的长期稳定性，整个数据采集的时间长达一个多月。训练集（Train）和验证集（Val）的数据是在第一天（Day 1）进行采集的，在数据采集过程中，每个参与者都沿着雷达视线行走了 60 次。测试集 1（Test1）的数据在 1 周后（Day 8）进行了采集，并且每个参与者在每次数据采集过程中都沿着雷达视线行走了 15 次。测试集 2（Test2）和测试集 3（Test3）的数据分别在两周后（Day 15）和一个月后（Day 30）进行了采集。在这四次数据采集过程当中，由于经历的时间跨度较大，因此每个参与者的服饰基本上都发生了变化，并且步行姿势也有一些细微的差异。这些因素虽会对识别率造成一定的影响，但实现稳定性的步态识别正是本节提出新的网络结构的目的。图 4.18 给出了一些代表不同参与者步态的微多普勒特征时频图。从图 4.18（a）中可以看出，躯干运动造成的微多普勒信号较强，四肢摆动造成的微多普勒信号虽较弱，但具有一定的周期性。此外，不同参与者的行走习惯存在一定的差异性，呈现在微多普勒特征时频图上的信息也存在一定的差异性。

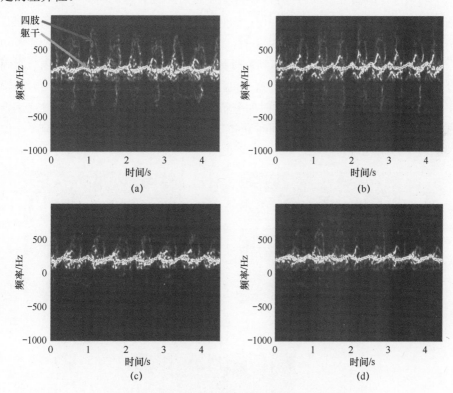

图 4.18　不同参与者步态的微多普勒特征时频图

4.3.3　数据的时频分析和预处理

对于离散的数字信号，通常使用离散傅里叶变换（Discrete Fourier Transform，DFT）来获取信号的频谱，在实际计算过程中采用快速傅里叶变换（Fast Fourier Transform，FFT）算法。FFT 是一种与时间无关的方法，只能用于观察信号的频率。当尝试去观察运动目标的微多普勒特征时，首先要考虑微多普勒信号会随着时间变化，意味着接收信号的频谱分量会随时间变化。因此，FFT 不适合用来观察微多普勒信号，应该采用 STFT 或其他时频分析方法。

　　由于人体相对于雷达运动所产生的微多普勒可以在时频域清楚地观察到，因此可以使用 STFT 获得微多普勒特征的时频谱，表达式为

$$F_{\mathrm{STFT}x}(t,f) = \int_{-\infty}^{+\infty} x(u)g^*(u-t)\mathrm{e}^{-\mathrm{j}2\pi fu}\mathrm{d}u \tag{4.8}$$

式中，$g(t)$ 是滑动分析的时间窗。在 STFT 过程中，合适的时间窗长度对于捕获目标的特征起着至关重要的作用：当时间窗的长度增加时，时频谱的时间分辨率会变差；当时间窗的长度减小时，时频谱的频率分辨率会变差。图 4.19 为不同时间窗长度利用 STFT 得到的时频图。从图中可以很明显地看出，时间分辨率和频率分辨率在不同时间窗长度情况下的变化，其中图 4.19（a）的频率分辨率较差，图 4.19（c）的时间分辨率较差。经过反复试验可以发现，当时间窗长度为 121 时，可以同时获得较好的时间分辨率和频率分辨率，如图 4.19（b）所示。

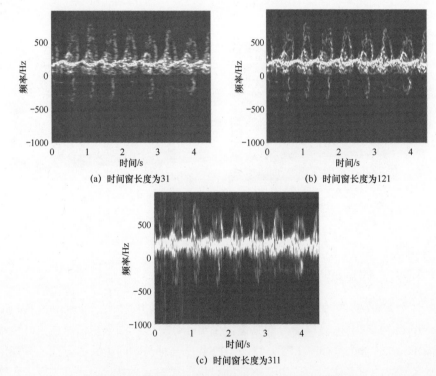

图 4.19　不同时间窗长度利用 STFT 得到的时频图

　　尽管已经通过 STFT 获得了步态数据的时频谱图，但是我们发现信号的信噪比（Signal Noise Ratio，SNR）随着时间的变化也发生了变化。这是由

于随着时间的推移，人体与雷达之间的距离发生了变化，接收到的信号能量会随着距离的缩小而逐渐增强，导致 SNR 发生相应的变化。考虑以下信号模型，即

$$S_r(t) = \rho[r(t)] \cdot \sum_i A_i(t) \exp\left(j\frac{4\pi}{\lambda}r(t)\right) \exp\left(j\frac{4\pi}{\lambda}r_{m\_i}(t)\right) \tag{4.9}$$

式中，ρ 代表雷达散射截面（Radar Cross Section，RCS）随距离的变化；$r(t)$ 代表躯干的距离随时间的变化；i 代表不同的分量；$r_{m\_i}(t)$ 表示微动分量的距离随时间的变化；$A_i(t)$ 表示幅度随时间的变化。根据信号模型，目标的 RCS 会因人体的运动发生变化，应使用低通滤波器来去除高频分量，即

$$\ln\{\rho[r(t)]\} = LP[\ln\{S_r(t)\}] \tag{4.10}$$

式中，LP 代表低通滤波器。在本节的实验中，设置截止频率为 8 Hz，在提取同态滤波包络并进行时域补偿后，从如图 4.20 所示中可以看出，距离较远信号的信噪比有所提高。

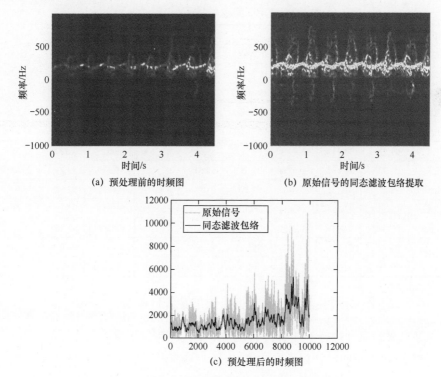

(a) 预处理前的时频图　　　　(b) 原始信号的同态滤波包络提取

(c) 预处理后的时频图

图 4.20　预处理前后的步态信号时频图

4.3.4 不同融合方法对识别结果的影响

由于本书提出的网络融合了两个通道获得的特征值,因此本节尝试使用不同的融合方法。本节共采用三种不同的方法进行特征融合:"mul""sum"和"concat"。"mul"/"sum"操作是将 CNN 通道的 2048 维特征值和 RNN 通道的特征值相乘/相加,得到 2048 维特征值。"concat"操作是拼接两个通道的特征值,并最终获得 4096 维特征值。

考虑到训练集和测试集包含少量图片,本节对每种融合方法进行了 10 次实验。表 4.2 显示了通过不同融合方法获得的识别结果。三种融合方法在验证集上的识别率分别为 99.51%、99.29% 和 99.32%,在测试集上的平均识别率分别为 90.11%、89.11% 和 90.03%(测试集 1 和测试集 2 的平均值)。从识别结果来看,三种融合方法之间的差异并不大。由于识别率之间的差异小 1%,因此可以得出结论,三种融合方法都是可行的。在以下实验中,将主要考虑 "mul" 融合方法,因为它的准确性更高,并且合并后的特征尺寸小于 "concat"。

表 4.2 使用不同融合方法的识别结果

步态类型	"mul"			"sum"			"concat"		
	Val	Test1	Test2	Val	Test1	Test2	Val	Test1	Test2
EX1	99.37%	90.03%	88.26%	98.73%	90.16%	92.17%	99.05%	89.64%	91.48%
EX2	99.68%	90.41%	89.64%	99.05%	86.27%	88.38%	99.37%	89.90%	88.38%
EX3	99.52%	93.39%	89.18%	100.00%	91.32%	91.48%	99.52%	94.95%	93.67%
EX4	99.21%	91.19%	88.26%	99.21%	89.38%	94.02%	98.89%	88.34%	85.39%
EX5	99.52%	90.93%	88.49%	99.52%	89.51%	85.73%	99.05%	93.26%	85.39%
EX6	99.37%	88.47%	90.68%	99.05%	89.51%	86.88%	99.37%	88.21%	88.84%
EX7	99.37%	91.32%	85.04%	99.37%	91.58%	85.50%	99.05%	92.88%	85.04%
EX8	99.52%	92.75%	90.56%	99.37%	93.65%	86.88%	99.05%	91.19%	87.69%
EX9	100.00%	91.45%	90.91%	99.05%	90.28%	91.14%	100.00%	93.26%	90.79%
EX10	99.52%	91.45%	89.77%	99.52%	88.86%	93.44%	99.84%	90.03%	92.17%
平均	99.51%	91.14%	89.08%	99.29%	90.05%	89.56%	99.32%	91.17%	88.88%

4.3.5 不同网络结构对识别结果的影响

通过平均三种融合方法获得的识别结果,CNN + RNN 的网络结构最终平均获得了 99.37% 的验证识别率和 89.98% 的测试识别率,如表 4.3 所示。为了进行比较,本节分别在同一训练集和测试集上训练了 AlexNet 和 Inception-V3。

这两个网络在测试集上获得的平均识别率分别为 69.04%和 69.25%，在验证集上获得的识别率分别为 90.42%和 87.30%，如表 4.3 的第 1 列和第 2 列所示。

表 4.3　不同网络的识别结果

测试类型	AlexNet	Inception-V3	CNN+RNN
Val	90.42%	87.30%	**99.37%**
Test1	68.14%	66.58%	**90.79%**
Test2	69.93%	71.92%	**89.17%**

尽管通常意义上认为 Inception-V3 在 ImageNet 上的性能优于 AlexNet，但表 4.3 中给出的结果并非如此。这是因为在网络训练期间，仅重新训练了 Inception-V3 的最后一层参数，却重新训练了 AlexNet 的最后 3 层参数。意识到此问题后，又重新对 Inception-V3 进行了训练，以便可以更改网络层的所有参数。在这种情况下，获得的识别率虽在一定程度上有所提高，但仍低于 CNN+RNN 网络结构。

由于 Inception-V3 和 Xception 的性能差别不大，并且在 4.4.3 节中讨论了 Xception 的性能，因此在此不再详细讨论 Inception-V3。总之，识别结果表明，现有的 CNN 网络在提取人类微多普勒特征方面缺乏一定的稳定性。当同一个人的数据获取间隔超过一周时，传统的 CNN 网络并不会取得理想中的效果，在使用双通道网络来提取不同维度的特征时，引入了 RNN 网络以实现识别的稳定性。

4.3.6　单通道与双通道网络结构的识别结果对比

根据以上内容，本书提出的网络结构对于不同时间段的数据集虽具有稳定性，但还不能确定这是否是通过引入 RNN 网络实现的。因此，本节将提出的 CNN + RNN 网络结构与 Xception 网络结构（在 CNN 网络通道中使用的结构）进行比较。在网络训练过程中，仅考虑 "mul" 这一特征融合方法。首先，微调 Xception 网络的所有参数，并重新训练了 CNN + RNN 网络中的 LSTM 层和合并后的全连接层（没有对 Xception 结构中的参数进行更改），将其与 Xception 训练的结果进行对比，识别结果如表 4.4 所示。

表 4.4　单通道与双通道网络结构的识别结果

步态类型	CNN			CNN+RNN		
	Val	Test1	Test2	Val	Test1	Test2
EX1	89.21%	75.78%	82.28%	99.37%	90.03%	88.26%

续表

步态 类型	CNN			CNN+RNN		
	Val	Test1	Test2	Val	Test1	Test2
EX2	99.52%	88.47%	88.72%	99.68%	90.41%	89.64%
EX3	98.10%	91.71%	91.48%	99.52%	93.39%	89.18%
EX4	99.21%	89.12%	82.51%	99.21%	91.19%	88.26%
EX5	99.52%	89.64%	80.55%	99.52%	90.93%	88.49%
EX6	98.57%	85.10%	92.29%	99.37%	88.47%	90.68%
EX7	99.21%	90.80%	85.62%	99.37%	91.32%	85.04%
EX8	98.73%	87.56%	77.91%	99.52%	92.75%	90.56%
EX9	99.84%	91.06%	88.95%	100.00%	91.45%	90.91%
EX10	95.71%	82.51%	90.91%	99.52%	91.45%	89.77%
平均	97.76%	87.18%	86.12%	99.51%	91.14%	89.08%
提升	—	—	—	1.75%	3.96%	2.96%

图 4.21 显示了在 EX5 情况下步态识别结果的混淆矩阵。由于在 EX5 情况下两个网络在验证集上的识别率相同，因此比较了它们在测试集上的准确性。可以看出，本书提出的网络识别率高于 Inception-V3。10 次实验的结果可以证明，RNN 网络确实改善了识别的稳定性，并且在 Test1 和 Test2 数据集上的识别率分别提高了约 4%和 3%。同时，由于 CNN 网络的参数和训练 CNN+RNN 网络中 CNN 网络通道的参数相同,因此两者在训练过程中的迭代次数也相同，表明 RNN 网络提取的特征不仅提高了识别的稳定性，也提高了识别率。

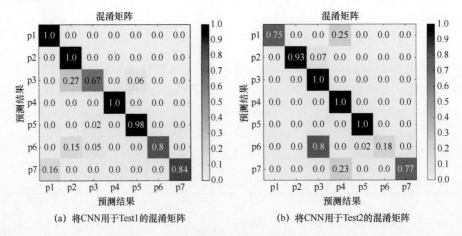

(a) 将CNN用于Test1的混淆矩阵   (b) 将CNN用于Test2的混淆矩阵

图 4.21 EX5 情况下步态识别结果的混淆矩阵

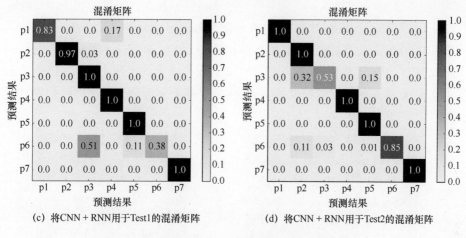

(c) 将CNN + RNN用于Test1的混淆矩阵　　　(d) 将CNN + RNN用于Test2的混淆矩阵

图 4.21　EX5 情况下步态识别结果的混淆矩阵（续）

4.3.7　不同时频分析方法对识别结果的影响

在本节中，大部分实验都选择 STFT 作为初始的时频分析方法。除 STFT 之外，本节还尝试了其他两个非线性模型：Choi-Williams 分布（Choi-Williams Distribution，CWD）和伪平滑 Wigner-Ville（Pseudo Wigner-Ville Distribution，PWV）。CWD 的表达式为

$$\mathrm{CWD}_z(t,f) = \int_{-\infty}^{\infty}\int_{-\infty}^{\infty} \frac{\mathrm{e}^{-\tau^2 v^2}}{\sigma} A_z(\tau,v)\exp\{\mathrm{j}2\pi(tv - f\tau)\}\mathrm{d}\tau\mathrm{d}v \tag{4.11}$$

式中，$A_z(\tau,v)$ 是模糊函数，即

$$A_z(\tau,v) = \int_{-\infty}^{\infty} z\left(t + \frac{\tau}{2}\right)z^*\left(t - \frac{\tau}{2}\right)\exp(-\mathrm{j}2\pi tv)\mathrm{d}t \tag{4.12}$$

PWV 的表达式具体为

$$\begin{aligned}
\mathrm{PWV}_z(t,f) &= \int_{-\infty}^{\infty}\int_{-\infty}^{\infty} h(\tau)A_z(\tau,v)\exp\{\mathrm{j}2\pi(tv - f\tau)\}\mathrm{d}\tau\mathrm{d}v \\
&= \int_{-\infty}^{\infty}\int_{-\infty}^{\infty} h(\tau)A_z(\tau,v)\exp(-\mathrm{j}2\pi f\tau)\mathrm{d}\tau\mathrm{d}v
\end{aligned} \tag{4.13}$$

式中，$h(\tau)$ 是时间窗函数，通常会选取高斯窗。如果进一步考虑在频率方向加窗，则可以采用平滑 PWV。

图 4.22 显示了由不同时频分析方法生成的时频图，可以看到，由不同时频分析方法生成的频谱在细节上略有不同，总体形状大致相似。表 4.5 显示了不同时频分析方法的识别结果。在这些实验中，仅以 3 个人的数据为数据集。对于 CWD、PWV 和 STFT，Test1 和 Val 的识别率大致相同。可以看出，基于不同时频方法得到的识别精度基本一致，将来也可以考虑合并不同时频表示的时频谱。

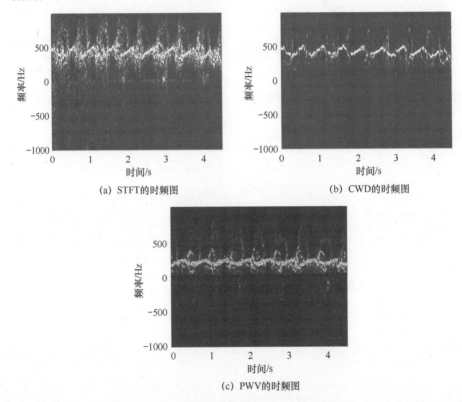

(a) STFT的时频图   (b) CWD的时频图

(c) PWV的时频图

图 4.22   STFT、CWD 和 PWV 的时频图

表 4.5   不同时频分析方法的识别结果

步态	CWD		PWV		STFT	
类型	Val	Test1	Val	Test1	Val	Test1
EX1	98.40%	88.16%	98.38%	86.82%	98.63%	87.62%
EX2	98.93%	86.35%	98.92%	81.91%	95.89%	82.48%
EX3	94.65%	85.34%	97.84%	88.63%	97.39%	89.18%
平均	**97.33%**	**86.62%**	**98.38%**	**85.79%**	**97.30%**	**86.42%**

4.3.8　不同服饰对识别结果的影响

由于整个数据采集经历的时间段较长，并且每次在获取数据时每个人的服饰都略有不同，因此本节尝试讨论不同服饰对识别结果的影响。从图 4.21 的混淆矩阵可以看出，Test1 中 p3 和测试集 2 中 p6 的识别率较低，这在其他实验中也一样。回顾当时的测试场景，在这些数据采集中，尽管每个人都换了衣服，但 p3 和 p6 的衣服包括了更多不同的类型，例如短裤、长裙、短裙等，服饰之间的差异更大，也更容易得到错误的识别结果。此外，本节还对一个月后获得的 Test3 进行了测试，发现平均识别率下降到约 60%（见表 4.6）。由于前三个数据采集是在夏天，最后一个数据采集是在秋天，因此可以预断，较为厚重的衣服（如大衣）将对识别结果产生较大影响。

表 4.6　不同测试集的识别结果

步态类型	Val	Test1	Test2	Test3
EX1	99.37%	90.03%	88.26%	66.14%
EX2	99.68%	90.41%	89.64%	60.06%
EX3	99.52%	93.39%	89.18%	56.01%
EX4	99.21%	91.19%	88.26%	50.51%
EX5	99.52%	90.93%	88.49%	54.56%
EX6	99.37%	88.47%	90.68%	57.60%
EX7	99.37%	91.32%	85.04%	68.60%
EX8	99.52%	92.75%	90.56%	54.70%
EX9	100.00%	91.45%	90.91%	56.01%
EX10	99.52%	91.45%	89.77%	70.33%
平均	**99.51%**	**91.14%**	**89.08%**	**59.45%**

4.4　基于多种步态模式的单人步态识别

4.4.1　引言

本节和下一节将主要研究多种步态模式以及多用户情况下的步态识别，在后续的研究中将选取 FMCW 雷达代替 CW 雷达。本节主要采用 FMCW 雷达进行多种步态模式下的步态识别，将单一的步态模式扩展到生活中三种常见的步态（步行、慢跑和携带书籍步行），通过使用不同步态模式下的微多普勒特征，探索了基于 77GHz FMCW 雷达步态识别的可行性：首先原始信号由时频谱表征；然后采用神经网络处理频谱以进行身份识别。在 50 个人和三种步态模式的情况下，网络的识别率最终达到 95% 以上。即使用户以训练集中未包括的其他步态模式行走，该方法也可以识别用户的身份。

4.4.2　FMCW 雷达系统

FMCW 雷达可以估计目标相对于雷达的径向距离和径向速度。这是通过发射连续的调频信号并对接收到的回波信号测量频移实现的。此外，雷达还可以通过计算接收天线间的相位差得出目标的到达角（Angle of Arrival，AoA）。最为常见的调频信号是线性调频（Linear Frequency Modulation，LFM）信号，也称为 chirp 信号。这里使用了线性 FMCW 雷达，假设发射的 chirp 信号中心频率 f_0 在 T_{chirp} 时间内线性增加到最大频率 f_1，那么就定义 chirp 信号的带宽 B 为

$$B = f_1 - f_0 \tag{4.14}$$

记 T_{chirp} 为脉冲宽度，可以得到调频斜率 K 为

$$K = B / T_{\text{chirp}} \tag{4.15}$$

发送的单个脉冲信号表示为

$$s(t) = \exp\left\{ \mathrm{j}2\pi\left(f_0 t + \frac{1}{2} K t^2 \right) + \mathrm{j}\phi_0 \right\} \tag{4.16}$$

式中，ϕ_0 为发射 chirp 信号的初始相位。每隔 T_{chirp} 的时间发射一个 chirp 信号，假设一帧共发射 N_chirps 个 chirp 信号，那么一帧的发射时间为 $N\_\text{chirps} \times T_{\text{chirp}}$。在接收端，混频器将接收信号和发射信号结合并产生中频信号。对每个 chirp 信号都以采样周期 T_s 进行快时间维度的采样后，再以采样周期 T_{chirp} 进行慢时间维度的采样。图 4.23 给出了连续发射 chirp 信号的时频图。

发射信号在某些空间点遇到目标后会产生后向散射的回波信号，两者之间波形的延迟取决于目标和雷达之间的距离、速度以及接收天线的位置等因素。考虑最一般的情况，在雷达视场中一共出现了 Q 个目标，该雷达共有 L 根接收天线，且天线间距 $d = \lambda / 2$，其中 λ 为信号的波长。假定 c 表示电磁波的传播速度，R_q, v_q, θ_q 分别表示第 q 个目标相对于雷达的距离、速度和角度，那么发

射信号和第 q 个目标在第 l 根接收天线上回波信号之间的延时为

$$\tau_{l,q} = \frac{2(R_q + v_q t) + ld \sin \theta_q}{c} \tag{4.17}$$

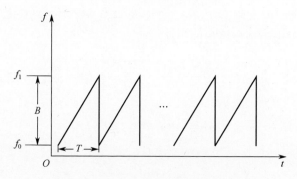

图 4.23　连续发射 chirp 信号的时频图

在进行混频和采样后，中频信号可以表示为

$$y(n,p,l) = \sum_{q=0}^{Q-1} \alpha_q \exp\{j2\pi\phi(n,p,l)\} + \omega(n,p,l) \tag{4.18}$$

式中，α_q 是考虑了天线增益、路径损耗和目标 RCS 后的系数项；ω 是高斯噪声项；$\phi(n,p,l)$ 表示相位，具体值取决于目标、慢时间采样、快时间采样和空间采样等各项指标。在这里，引入差拍频率 f_B 和多普勒频率 f_D，表达式分别为

$$\begin{cases} f_B = \dfrac{2KR_q + 2f_0 v_q}{c} \\[2mm] f_D = \dfrac{2f_0 v_q}{c} \end{cases} \tag{4.19}$$

信号可以由以下表达式表示，即

$$S_I(n,p,l) = \exp\left\{ j2\pi\left(nf_B T_s + pf_D T_{\text{chirp}} + l\frac{d\sin\theta_q}{\lambda} + \frac{2f_0 R_q}{c} \right) \right\} \tag{4.20}$$

得到的三维离散信号可以排列成 3 维张量，被称为雷达数据立方体，包含雷达设备在给定时间范围内提供的所有信息。通常感兴趣的频移信息（可以计算目标的距离、速度和角度）可以通过三维 FFT 的应用提取，即

$$F(m,q,k) = \sum_{l}^{L-1}\sum_{p}^{P-1}\sum_{n}^{N-1} \exp\left\{ j2\pi\left(nf_B T_s + pf_D T_{\text{chirp}} + l\frac{d\sin\theta_q}{\lambda} + \frac{2f_0 R_q}{c} \right) \right\}\cdot$$

$$\exp\left\{-\mathrm{j}2\pi\left(\frac{mn}{N}+\frac{qp}{P}+\frac{kl}{L}\right)\right\} \tag{4.21}$$

在得到的三维 FFT 信号中：沿着快时间维度（距离维）的峰值位置揭示了差拍频率；沿着慢时间维度（速度维）的峰值给出了多普勒频率；沿着角度维的峰值，可以得出由角度引起的频移，即

$$f_{\mathrm{B}}=\frac{2KR_q+2f_0v_q}{c}=\frac{2KR_q}{c}+f_{\mathrm{D}}=\frac{m}{NT_{\mathrm{s}}} \tag{4.22}$$

$$f_{\mathrm{D}}=\frac{2f_0v_q}{c}=\frac{q}{PT_{\mathrm{chirp}}}=\frac{q}{PNT_{\mathrm{s}}} \tag{4.23}$$

$$f_\theta=\frac{d\sin\theta_q}{\lambda}=\frac{k}{L} \tag{4.24}$$

由此可以进一步求出目标的径向距离、径向速度和角度 R_q,v_q,θ_q，分别为

$$R_q=\frac{(f_{\mathrm{B}}-f_{\mathrm{D}})c}{2K} \tag{4.25}$$

$$v_q=\frac{f_{\mathrm{D}}c}{2f_0}=\frac{\lambda}{2}f_{\mathrm{D}} \tag{4.26}$$

$$\theta_q=\arcsin\left(\frac{f_\theta\lambda}{d}\right) \tag{4.27}$$

考虑存在多个目标的场景，如果想要分辨多个目标，那么就需要目标至少在其中一个维度上的峰值可以区分，下列公式分别给出了目标在距离维、速度维和角度维的分辨率，即

$$\Delta R=\frac{c}{2B} \tag{4.28}$$

$$\Delta v=\frac{\lambda}{2}\Delta f_{\mathrm{D}}=\frac{\lambda}{2}\frac{1}{PT_{\mathrm{chirp}}} \tag{4.29}$$

$$\Delta\theta=\frac{\lambda}{dL\cos\theta} \tag{4.30}$$

图 4.24 给出了三维 FFT 的示意图：首先，在时域的中频信号上进行距离 FFT，距离 FFT 的结果表明不同距离内的接收频率响应，如图 4.24（b）所示；

接着，对距离 FFT 的结果进行多普勒 FFT，如图 4.24（c）所示，以显示同一距离内多个用户的各种速度，图 4.24（d）中的两个不同色块就表明了同一距离下的不同速度信息；最后，利用 FMCW 雷达的多个接收天线得出 AoA，沿着接收天线的维度执行角度 FFT。在图 4.24（e）中，应用角度 FFT 之后，就可以得到同一距离和速度下的不同角度信息，如图 4.24（f）所示。

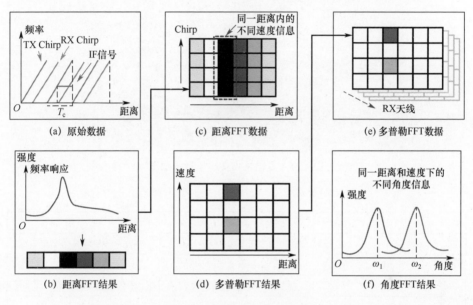

图 4.24　三维 FFT 的示意图

4.4.3　步态数据的采集和处理

为了实现多种步态模式下的身份识别，需要构建相应的步态数据集对识别方法进行评估。在 4.3 节单一步态数据集的构建过程中，共有 7 人参与了数据采集，本节将进一步扩大数据集的大小，共有 50 人参与多种步态数据集的数据采集，分别为 28 名男性和 22 名女性。其中，男性的平均体重和身高分别为 70kg 和 170cm，女性的平均体重和身高分别为 46kg 和 158cm，所有参与者的年龄均处于 20 至 25 岁之间。

在本节中，数据采集使用的是 77GHz FMCW 雷达设备，数据采集发生在走廊，图 4.25 给出了实验场景。在数据采集过程中，每个参与者距雷达的起始距离约为 10m。每个人沿着雷达视线以三种常见的步态（步行、慢跑和携带书籍步行）靠近雷达，共计 60 次，每次时间为 8s 左右。表 4.7 给出了数据采集过程中的雷达参数，在这个参数下，距离分辨率为 0.2m，由于本节不考虑多个行人目标，因此对距离分辨率没有要求。

图 4.25　数据采集实验场景示意图

表 4.7　雷达参数

符　号	参 数 意 义	数　值
f_c	工作频率	77 GHz
B	带宽	768 MHz
$N\_Samples$	每个脉冲的采样点数	256
N_Chirps	每帧的脉冲数	128
N_Frames	帧数	200
Frame_Time	Frame 周期	40 ms

在获得原始信号后，需要通过时频分析来获得包含微多普勒特征的时频谱。本节通过二维 FFT 来获得时频谱，具体的流程示意图如图 4.26 所示：首先针对原始数据进行距离维度的 FFT，得到距离-时间图（FFT_file）；然后对 FFT_file 逐帧进行多普勒维度的 FFT，得到距离-多普勒图（2D_FFT_file）；接着对每一帧的 2D FFT 数据在多普勒维度上累加（忽略距离），得到某一时刻的微多普勒，具体来讲，就是在前面处理的基础上，每次拿出一帧的数据，数据的横坐标代表多普勒，纵坐标代表距离，由于只需要多普勒信息，因此忽略距离信息，对整体数据进行一个累加（∑row_i，代表把每一行的数据都对应累加，将 N 行数据累加至 1 行），得到的就是一个一维的多普勒数据（Row(1)）；最后按时间拼接每一帧的微多普勒数据，即可得到时频图（STFT_file）。

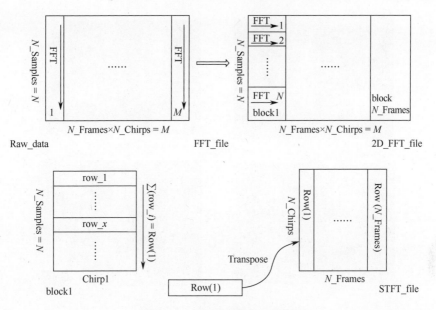

图 4.26　二维 FFT 流程示意图

图 4.27 给出了不同参与者和不同步态模式的测试场景。其中，图 4.27（a）、（b）、（c）为同一参与者以三种不同的步态模式靠近雷达，图 4.27（d）、（e）、（f）为不同参与者以相同的步态模式靠近雷达。经过时频分析后，得到的时频图如图 4.28 所示。图 4.28（a）、（b）、（c）给出了同一个人三种步态的微多普勒时频图，图 4.28（d）、（e）、（f）给出了三个人在正常行走情况下的微多普勒时频图。从图中可以看出，不同步态的频谱图之间存在一定差异，正常行走［图 4.28（a）］和携带书籍行走［图 4.28（c）］差异不大，主要是由于在行走过程中，手臂运动对微多普勒的贡献较小。由于每个人行走的速度和姿势不同，所以在某种程度上，同一步态下不同人的频谱图也存在差异。

(a)　　　　　　　　　　　　　　　　(b)

图 4.27　不同参与者和不同步态模式的测试场景

图 4.27　不同参与者和不同步态模式的测试场景（续）

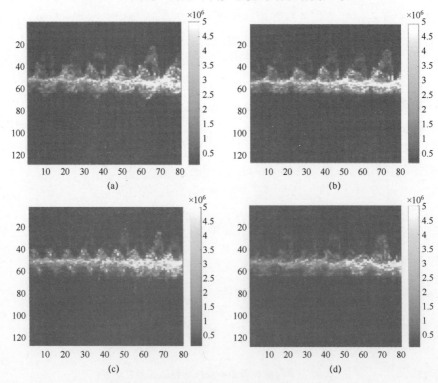

图 4.28　不同参与者和不同步态模式的时频图

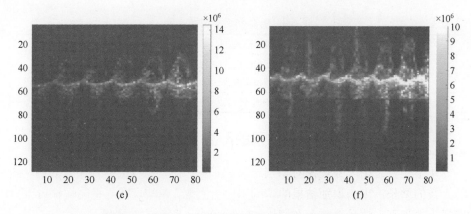

图 4.28　不同参与者和不同步态模式的时频图（续）

4.4.4　识别率分析

本节主要讨论本章的研究方法与传统的基于雷达微多普勒步态识别研究方法之间的区别。首先，如引言中所述，本章研究了在多种步态模式下的步态识别，这在以往的研究中几乎是没有涉及的。表 4.8 总结了一些以往的研究方法与本章的研究方法之间的差异。从表中可以看出，本章方法的识别率几乎与所有研究中的最优结果不相上下。此外，本章方法的数据集大小远远超过了其他研究方法，这也是本章方法的优势之一。

表 4.8　本章方法和其他方法的比较

研究方法	步态类型	数据集	识别率/%
Yang[1]	步行/跑步	15	94.4/95.2
本章方法	步行（携带+不携带物品）+跑步	50	95.99

本节的数据集采用了三种步态混合的方式，意味着本章方法所训练的网络可以识别以这三种步态模式行走的人。在文献[1]中，Yang 等人所训练的网络只能单一识别在步行情况下或者跑步情况下的人，属于两个不同的网络。此外，本章方法的识别率不仅建立在 50 人数据集的基础上，还可以实现多种步态模式下的身份识别。

除了和他人的研究进行比较，本节还在同样的数据集上采用了其他的 CNN 网络进行训练。表 4.9 给出了各个网络的识别结果。其中，AlexNet 的识别率为 85.23%，VGG16 的识别率为 92.31%，CNN+RNN 的识别率为 95.99%，实现了三个网络中最高的识别率。这表明，在本节所构建的步态数据集上，之前所提出的 CNN+RNN 网络要优于其他的网络结构。

表 4.9 各个网络的识别结果

符　号	步　态　类　型	数　据　集	识别率/%
AlexNet	步行（携带+不携带物品）+跑步	50	85.23
VGG16	步行（携带+不携带物品）+跑步	50	92.31
CNN+RNN（本书）	步行（携带+不携带物品）+跑步	50	95.99

4.4.5 人数规模对识别结果的影响

本节主要讨论人数规模对识别结果的影响。在曹佩蓓的研究中曾表明，随着人数的增长，步态识别结果的识别率将会大幅下降[2]。在这里同样探讨本章所提出的识别方法是否也存在同样的问题。由于我们的数据集共包含 50 人，分别取出 10 人、20 人、30 人、40 人和 50 人的数据用作单独的数据集，并在每个数据集上分别进行 5 次训练。将 5 次训练的识别率取平均值，图 4.29 给出了每个数据集的识别准确率。可以看出，当人数为 10 时，识别率为 98.555%；当人数为 50 时，识别率为 95.985%，仅降低了约 3%。当人数从 10 增加到 50 时，识别率并不会显著降低。根据此结果可以推断，即使将数据集扩展到 100 人甚至 200 人，识别率仍可以保持在 90% 以上。这也意味着，本书所提出的网络结构以及信号处理方法在一定程度上不受数据集规模的影响，有可以推广到现实应用中的可能性。

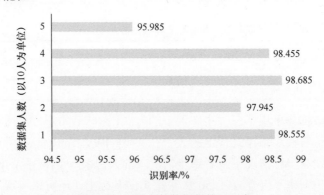

图 4.29 不同人数数据集的识别率

4.4.6 扩展步态模式下的识别结果

本节尝试将识别方法扩展到训练集中未包括的其他步态模式。由于有限的人力、物力和时间资源，在本章的数据采集过程中只考虑了日常生活中最常见的三种步态模式。在实际生活中，人们会以各种各样的步态模式进行行走（跑步），仅仅是携带物的种类就非常多。因此，本节想要讨论所提出识别方法的可扩展性，即当人们以训练集中并不包含的步态模式行走的情况下（这里主要考虑用户携带了不同的携带物），所提出的网络是否还可以正确地识别人的身份。

本节选择了手提袋和雨伞这两种日常生活中高频率出现的物品作为扩展步态模式中的携带物，选择 10 人的数据集作为网络训练集。在测试集数据采集过程中，参与者分别携带手提袋和雨伞朝向雷达行走，每种步态都进行 10 次的数据采集，具体实验场景如图 4.30 所示。通过时频分析所获得的相应频谱在图 4.31（b）、（c）中给出，与图 4.31（a）进行对比，可以看到，在不同步态模式的频谱图虽非常相似，但也存在一定的细微差别。

由于不同的携带物基本上仅仅反映在手臂分量中，手臂分量对微多普勒的贡献较小，因此在扩展步态模式下的识别仍然是可行的，所获得的时间频谱作为测试集用于先前训练的 10 人数据集网络，所获得的识别率分别为 95.79%（携带物雨伞）和 99.01%（携带物为手提袋）。

(a) 携带物为雨伞　　　　　　　　　　　　(b) 携带物为手提袋

图 4.30　扩展步态模式的实验场景

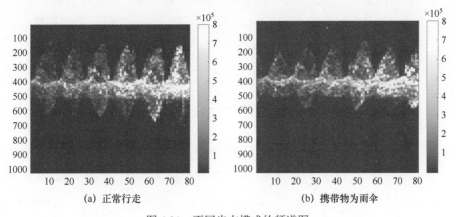

(a) 正常行走　　　　　　　　　　　　　　(b) 携带物为雨伞

图 4.31　不同步态模式的频谱图

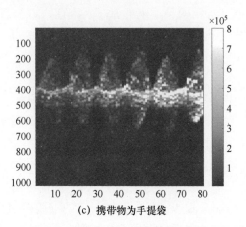

(c) 携带物为手提袋

图 4.31　不同步态模式的频谱图（续）

　　该结果表明，本章的识别方法可以成功地应用于其他扩展步态模式（日常生活中不同的携带物），同时能保持较高的准确率。

4.5　多人并行场景下的步态识别

4.5.1　引言

　　由于回波信号的叠加，同时识别在雷达视场中移动的多个行人目标（尤其是并排行走的多人目标）是一项具有挑战性的任务。目前关于步态识别的研究基本以单人场景为主。由于在现实生活中多人场景更为常见，因此研究基于雷达微多普勒的多人步态识别是十分有必要的。近来，黄学军等人利用距离信息区分不同距离的不同目标，并同时实现多人情境下的身份识别。在现实生活中，多人并排行走的情况也是很常见的，将导致在距离上无法区分不同目标。针对这种情况，本章引入了角度信息，提出了一种基于雷达微多普勒的多人并行情况下的分离与步态识别算法，可以实现在并排行走情况下的身份识别，识别率可以达到90%以上。

4.5.2　MIMO 雷达原理和雷达设备

　　由于商用雷达传感器往往无法安装较大规模的天线阵列，因此 MIMO 技术成为了提高雷达角度分辨率的有效解决方案。通过由多个发射天线和多个接收天线组成的虚拟阵列，可以用较少的天线数目达到更精细的角度测量效果。

假设雷达具有 1 根发射（TX）天线和 8 根接收（RX）天线（接收天线间距为 d），雷达工作在单发多收（Single In Multiple Out，SIMO）模式下，如图 4.32（a）所示。TX 天线发射的信号经过物体（相对于雷达的 AoA 为 θ）的反射后，被 RX 天线接收。相邻 RX 天线间的波程差为 $d\sin\theta$，相位差为 $\omega = 2\pi d\sin\theta/\lambda$。因此每一根 RX 天线相对于第一根 RX 天线的相位差呈线性变化，例如在图 4.32（a）中为 $[0,\omega,2\omega,3\omega,4\omega,5\omega,6\omega,7\omega]$，可以通过角度 FFT 来估计 ω，进而计算目标的 AoA。

进一步考虑有 2 根 TX 天线和 4 根 RX 天线的雷达，接收天线的间距仍为 d，雷达工作在 MIMO 模式，如图 4.32（b）所示。从图中可以看出，假设 4 根 RX 天线相对于 TX1 的相位为 $[0,\omega,2\omega,3\omega]$，那么由于 TX1 和 TX2 的间距为 $4d$，因此 4 根 RX 天线相对于 TX2 的相位为 $[4\omega,5\omega,6\omega,7\omega]$，与 SIMO 模式下的结果等效。

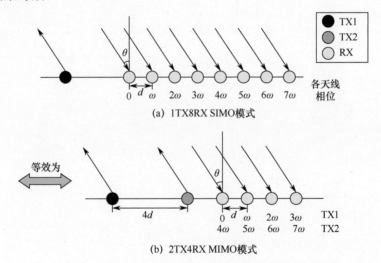

(a) 1TX8RX SIMO模式

(b) 2TX4RX MIMO模式

图 4.32 SIMO 和 MIMO 模式下的等效天线阵列示意图

本节采用的雷达为 TI 公司的 TIDEP-01012，具有 12 根发射天线和 16 根接收天线，在理论上可等价为具有 1 根发射天线和 192 根接收天线的单发多收雷达，由于天线的实际位置排列，因此该雷达在方位向上可等价为 86 个虚拟阵列，角度分辨率约为 1.4°。图 4.33 和图 4.34 分别给出了该雷达天线阵列实际位置示意图和相应的虚拟 MIMO 阵列示意图。

由于 MIMO 技术需要分离出不同 TX 天线的回波信号，因此本节中的雷达采用了时分复用（Time Division Multiplexing，TDM）技术来确保波形的区分以及虚拟回波信号的合成。TDM-MIMO 在时间上是正交的，不同的 TX 天线按顺序发送信号，如图 4.35 所示。在图 4.35 中，浅色代表 TX1 天线发射的信号，深色代表 TX2 天线发射的信号。可以看到，2 根天线交替发射信号。TDM-MIMO 是从多个 TX 天线分离信号的最简单方法，被广泛使用。

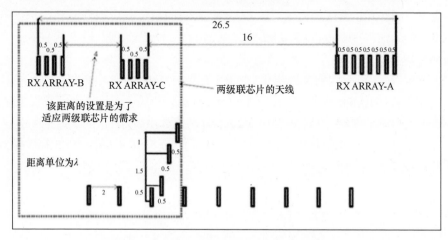

图 4.33　TIDEP-01012 天线阵列实际位置示意图

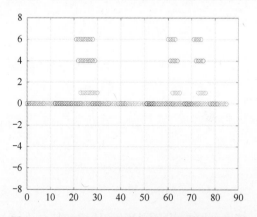

图 4.34　TIDEP-01012 虚拟 MIMO 阵列示意图

对于工作在 TDM-MIMO FMCW 模式下的雷达，通常首先在每个 TX-RX 对上执行二维 FFT，然后将二维 FFT 矩阵进行非相干求和以创建预检测矩阵，接着通过检测算法确定该矩阵中与有效目标相对应的峰。对于每个有效目标，对多个二维 FFT 中相应的峰值执行角度 FFT，以计算目标的 AoA。本章中的步态数据遵循同样的处理方法。

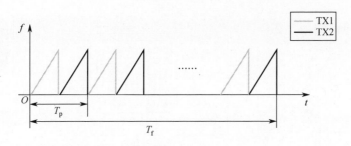

图 4.35　TDM-MIMO 发射信号示意图

4.5.3　多散射点目标的生成

在前向高分辨率成像雷达的照射下，现实世界中的常见目标（如汽车、行人）不以单个散射点而是以多散射点的形式呈现。利用高分辨率的雷达传感器，可以感知现实目标的多个散射点，从而提供较为丰富的向量集（每帧数百个向量），也称为点云。每个向量代表一个散射点，具有该目标的距离、方位角和多普勒（速度）等信息。当行人目标出现在雷达视场时，雷达的回波信号会包含相应目标的距离、速度和角度等信息。雷达测距、测速和测角的相关原理已经在 4.4.2 节给出。通常，为了测量目标的距离和速度，可以在雷达采集得到的中频信号上分别进行距离 FFT 和多普勒 FFT。经过上述操作后得到的距离仅仅只是目标与雷达间的径向距离，考虑到现实生活中仅仅用径向距离无法区分并排行走的行人目标，因此本节引入了方位角信息来计算行人目标在空间笛卡儿坐标系中的准确位置。

图 4.36 为步态数据的预处理流程图：图 4.36（a）给出了测试场景示意图；图 4.36（b）表示雷达中频信号数据；图 4.36（c）、（d）分别表示对一帧数据进行距离 FFT 和多普勒 FFT 及其对应的结果。在二维 FFT 之后，可以通过搜索距离-多普勒谱图进行点目标的检测，并对多个 RX 天线的二维 FFT 结果进行角度 FFT，得到点目标的距离、多普勒、方位角信息。

由于目标点的检测可以通过搜索距离-多普勒图确定，在实际的接收信号中不仅包含目标的回波信号，还包含噪声信号和一些其他干扰信号，因此本节在进行二维 FFT 之后，对其结果进行了恒虚警率（Constant False-Alarm Rate，CFAR）检测[3-4]。CFAR 检测是在保持虚警率恒定的情况下尽可能地提高检测概率，需要根据检测单元周围的噪声信号自适应地给出一个检测阈值判断检测单元内是否有目标存在。针对每一个待检测单元，分别首先从两侧获取 $N/2$ 个样本计算平均值，然后根据不同的检测算法计算相应的检测阈值（CA：取平均；GO：取大；SO：取小）以判断目标是否存在。

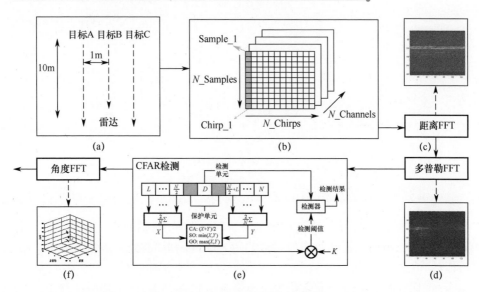

图 4.36　步态数据的预处理流程图

在进行 CFAR 检测之前，需要先对二维 FFT 的结果跨通道进行非相干积累。对积累结果首先在距离维度进行一维的距离 CFAR 检测，再对检测到的距离单元进行一维的多普勒 CFAR 检测。对于每一个交叉检测到的距离/多普勒点，采用最大速度扩展算法来校正 TDM-MIMO 可能引起的速度模糊。CFAR检测的步骤完成之后，再针对每个检测点进行角度 FFT，最后对角度 FFT 的结果进行峰值检测。即使两个或多个点目标的距离和多普勒完全相同，由于峰值检测会给出各目标相应的角度，因此经过数据预处理后还是可以得到不同散射点目标的向量数据。

图 4.36（e）给出了 CFAR 检测的基本流程。图 4.36（f）表示对检测结果进行角度 FFT 并给出了相应的点云数据。从图 4.36（c）、（d）中可以看出，仅仅使用距离和多普勒信息无法完全区分三个并排行走的行人目标，在引入角度信息之后，可以在图 4.36（f）中较为容易地区分三个目标。假设检测到某个目标的距离为 R，方位角为 θ，那么可以计算出其在相应的笛卡儿坐标系中的坐标 (x, y)，完成极坐标系 (R, θ) 与笛卡儿坐标系 (x, y) 的坐标转换。图 4.36（f）给出了某一帧经过三维 FFT 处理后得到的点云数据。可以看出，图中的 3 个散射点群组在距离和多普勒维度上虽几乎无法区分，但可以从方位角加以区分，等价于在空间笛卡儿坐标系中进行区分。这也正是本章要解决的多人并排行走场景下的步态识别问题。

4.5.4　DBSCAN 聚类算法和聚类中心的选取

由图 4.36（f）可以看出，预处理完成后的数据为大量杂乱的散射点，事实上，不同散射点归属于不同的目标。如何将看起来同属于一组的散射点关联到不同的散射点群组，同时过滤掉一些杂波或者噪声导致的虚假目标点，是本节介绍聚类算法所要解决的问题。常用的聚类算法有基于划分的聚类算法、基于网格的聚类算法、基于层次的聚类算法和基于密度的聚类算法等。经过综合考虑，本节选取 DBSCAN 聚类算法[3]。它是一种基于密度的聚类算法，可以将紧密相连的数据点聚为一类，不需要预先指定类的数量，聚类完成的类别数量也不固定。对于先验信息较少且有很多噪声点的雷达数据，DBSCAN 算法具有一定的优势。

DBSCAN 算法有两个关键参数：邻域半径（Eps）和密度阈值（MinPts）。其中，Eps 被定义为两个数据点可被判断为相连的最大半径；MinPts 被定义为每类最少包含的数据点数目。DBSCAN 算法将数据点分为三类：核心点（在其半径 Eps 内包含的点的数目超过 MinPts）、边界点（在其半径 Eps 内包含的点的数目虽少于 MinPts，但是落在核心点的邻域内的点）和噪声点（既不是核心点，也不是边界点的点），如图 4.37 所示。

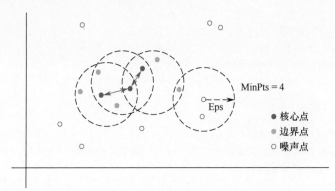

图 4.37　DBSCAN 算法三类数据点的划分示意图

DBSCAN 算法对所有的数据点进行顺序扫描，形成一个类，直到不再满足一定的密度条件。这里选取的 Eps 和 MinPts 均为经验值，分别为 3 和 20。针对每一个数据点 $P_i(R_i, D_i, A_i, S_i)$（距离、多普勒、角度和反射强度），本节取该数据的前三个维度进行聚类，即计算两个数据点 P_i 和 P_j 间的距离 d，如式（4.31）所示，如果 $d < \mathrm{Eps}$，则 P_i 和 P_j 互在邻域内。

$$d(P_i, P_j) = \sqrt{\left| R_i - R_j \right|^2 + \left| D_i - D_j \right|^2 + \left| A_i - A_j \right|^2} \tag{4.31}$$

具体的算法流程如下：

DBSCAN(D,Eps,MinPts)

    C = 0

    for each unvisited point P **in** dataset D

        mark P as visited

        NeighborPts = regionQuery(P, Eps) //计算该点的邻域

        if sizeof(NeighborPts) < MinPts

            mark P as NOISE

        else

            C = next cluster //将该点作为核心点，创建一个新的类别

            expandCluster(P, NeighborPts, C, Eps, MinPts)

            //根据该核心点扩展相应类别

        end

    end

---

expandCluster(P, NeighborPts, C, Eps, MinPts)

    add P to cluster C //将核心点 P 先加入待扩展的类别

    for each point P' **in** NeighborPts

        if P' is not visited

            mark P' as visited

            NeighborPts′ = regionQuery(P', Eps)

            //如果 P' 为核心点，则将 P' 所属类别和 P 所属类别合并

            if sizeof(NeighborPts′) >= MinPts

                NeighborPts = NeighborPts joined with NeighborPts′

            end

        end

        if P' is not yet member of any cluster

        //如果邻域内的点 P' 不是核心点，并且不属于其他类别，则加入此类别

            add P' to cluster C

        end

    end

---

regionQuery(P, Eps) //计算点 P 的邻域

    return all points within P's Eps-neighborhood

聚类完成后，可以得到几组具有某些属性（距离、多普勒、角度和反射强度）的可跟踪对象，跟踪器和分类器可以利用这些相应的属性来跟踪和分类识别。考虑到后续的跟踪过程，可以对每一组散射点进行聚类中心的计算，

以聚类中心的跟踪过程代表整个散射点群组的跟踪过程。聚类中心的计算采取加权求平均的方式，反射强度更大的散射点数据拥有更高的权重。与各散射点数据的维度不同，聚类中心 P_c 的维度只选取用于跟踪的其中两个维度：距离和角度。

$$P_c(R_c, A_c) = \frac{\sum_{i=1}^{N} S_i P_i(R_i, A_i)}{\sum_{i=1}^{N} S_i}$$ （4.32）

4.5.5　Kalman 滤波和轨迹跟踪

4.5.4 节中提到，用于跟踪的聚类中心点仅有距离和角度两个维度，为了方便进行目标运动的分析，本节选择在笛卡儿坐标系中进行跟踪，转换后的聚类中心点可以表示为 $P_c'(x_c, y_c)$，每一帧的数据可以表示为一个聚类中心点群组，考虑到现实生活中行人通常以恒定速度行走，因此本节使用恒定速度的运动模型进行状态的估计。由于聚类过程中的误差和噪声点的干扰，聚类中心点群组的个数与实际场景中的目标个数不一定相符，因此本节使用了一种线性预测和 PDAF 相结合的方法进行轨迹的跟踪[4]。针对每一帧的待跟踪数据，如果聚类中心点群组的个数有多个，则采用 PDAF 算法进行轨迹跟踪；如果聚类中心点群组中暂时没有目标点，则采用线性预测的方法来预测当前目标，并将该值作为 PDAF 算法的观测值进行轨迹跟踪。

在卡尔曼（Kalman）滤波器中，系统状态变量记为 $s_k = (x, y, v_x, v_y)^T$，系统观测变量记为 $z_k = (x, y)^T$，则状态变量 $s_{k+1} = F_k \cdot s_k + v_k$ 可以表示为

$$\begin{bmatrix} x(k+1) \\ y(k+1) \\ v_x(k+1) \\ v_y(k+1) \end{bmatrix} = \begin{bmatrix} 1 & 0 & T & 0 \\ 0 & 1 & 0 & T \\ 0 & 0 & 1 & 0 \\ 0 & 0 & 0 & 1 \end{bmatrix} \begin{bmatrix} x(k) \\ y(k) \\ v_x(k) \\ v_y(k) \end{bmatrix} + \begin{bmatrix} 0.5T^2 & 0 \\ 0 & 0.5T^2 \\ T & 0 \\ T & 0 \end{bmatrix} \begin{bmatrix} a_x \\ a_y \end{bmatrix}$$ （4.33）

式中，T 表示观测间隔，在本节中即为 Frame 周期；a_x, a_y 为目标在坐标轴上随机产生的加速度分量，服从均值为 0、方差为 σ^2 的正态分布。观测变量 $z_k = H \cdot x_k + r_k$ 可以表示为

$$\begin{bmatrix} x(k+1) \\ y(k+1) \end{bmatrix} = \begin{bmatrix} 1 & 0 & 0 & 0 \\ 0 & 1 & 0 & 0 \end{bmatrix} \begin{bmatrix} x(k) \\ y(k) \\ v_x(k) \\ v_y(k) \end{bmatrix} + \begin{bmatrix} \omega_x(k) \\ \omega_y(k) \end{bmatrix} \qquad (4.34)$$

式中，$\omega_x(k),\omega_y(k)$ 分别表示两个分量的观测误差，分别服从均值为 0、方差为 $\sigma_x^{\,2}/\sigma_y^{\,2}$ 的正态分布。由于实际的方差很难通过计算得出，因此本节均选取了经验值，σ^2、σ_x^2、σ_y^2 分别设置为 0.05、0.01 和 0.01。针对每一条跟踪的轨迹，还需要将其与实际聚类中心点进行配对，本节采用基于最近邻标准滤波器（Nearest Neighbor Standard Filter，NNSF）的方法，此处不再赘述。

图 4.38 给出了在不同场景下的目标轨迹图和聚类中心示意图。由图可知，无论是两人并行的场景还是三人并行的场景，甚至两人交叉行走的场景。

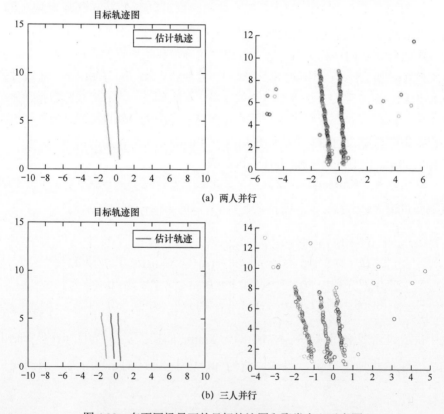

图 4.38　在不同场景下的目标轨迹图和聚类中心示意图

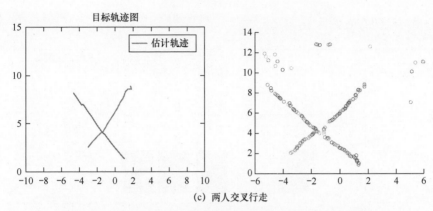

(c) 两人交叉行走

图 4.38　在不同场景下的目标轨迹图和聚类中心示意图（续）

本节提出的方法都可以正确地跟踪相应的运动轨迹。这既建立在聚类结果正确的基础上，也对后续微多普勒特征的提取结果有着至关重要的影响。

4.5.6　微多普勒特征的提取

对于每一条跟踪轨迹及其配对的聚类中心点，需要得到能代表步态的特征，也就是微多普勒频谱图，频谱图将作为神经网络的输入进行步态识别。根据配对完成的聚类中心点可以追溯每一帧（每一时刻）属于该目标的散射点群组，将所有散射点的反射强度在其对应的多普勒维度上累加，即可生成当前时刻的多普勒向量。随着时间的累积，多普勒向量会形成时间-多普勒图，也就是后续的 CNN+RNN 网络所需要的微多普勒频谱图。

图 4.39 给出了多目标步态识别算法流程。其中，图 4.39（a）表示按帧逐渐进行的聚类过程；图 4.39（b）表示聚类完成后计算的所有聚类中心点，聚类结果基本正确，且呈现三人并排行走的轨迹；图 4.39（d）表示轨迹跟踪后分别得到的三条行走轨迹，与实际情况基本吻合；图 4.39（c）和图 4.39（e）分别表示分离前得到的微多普勒特征图和分离后得到的三个目标各自的微多普勒特征图。可以看出，图 4.39（c）一些重叠的部分在图 4.39（e）中被分离，证明了所提出方法的有效性。得到的微多普勒频谱图将会送入图 4.39（f）所示的 CNN+RNN 结构进行分类和识别。

图 4.40 给出了在双人并行情况下的步态数据分离结果。由图可知，和三人并行的结果类似，分离前得到的微多普勒特征图有一些互相重叠的部分，分离后得到的两个目标各自的微多普勒特征图中没有明显的重叠部分，同样证明

了分离方法的有效性。

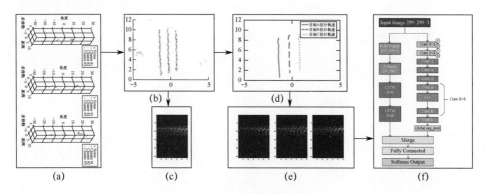

图 4.39　多目标步态识别算法流程

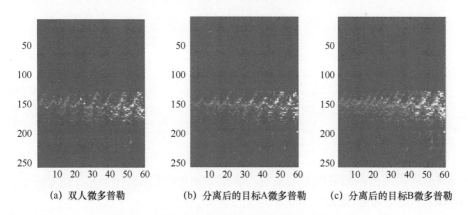

(a) 双人微多普勒　　　(b) 分离后的目标A微多普勒　　　(c) 分离后的目标B微多普勒

图 4.40　在双人并行情况下的步态数据分离结果

4.5.7　多人识别结果与分析

本节采用工作频率为 77GHz 的 FMCW 雷达进行数据采集，雷达型号为 TI 公司的 TIDEP-01012，对应的数据采集设备为 TI 公司的 TIDEP-01017。图 4.41 为 TIDEP-01012 和 TIDEP-01017 的实物图。实验参与者一共有 3 人（A、B、C），在数据采集过程中分别沿着三条给定的轨迹走向雷达。

图 4.42（a）给出了数据采集的场景示意图，每条轨迹之间的间隔约为 1 m，参与者每次行走的起点距离雷达约为 10 m，具体实验场景如图 4.42（b）所示。针对训练集数据，每个参与者单独沿给定轨迹进行了 50 次数据采集，经过处理后，共获得 2390 张图片。针对测试集数据，分为 4 种不同组合（AB、AC、

BC、ABC），每种组合沿给定轨迹进行 10 次数据采集。雷达参数如表 4.10 所示。

(a) TIDEP-01012

(b) TIDEP-01017

图 4.41　TIDEP-01012 和 TIDEP-01017 的实物图

(a)

(b)

图 4.42　步态数据采集的实验场景

表 4.10　雷达参数

符　　号	参 数 意 义	数　　值
f_c	工作频率	77GHz
B	带宽	2000MHz
$N\_Samples$	每个脉冲的采样点数	256
N_Chirps	每帧的脉冲数	128
N_Frames	帧数	100
Frame_Time	Frame 周期	80ms

　　本节的训练集数据共 2390 张图片，包含 3 个类别（A、B、C）。由于本节的测试场景共有 4 个组合，因此相应有 4 组测试集数据，分别包含 123 张图片

（ABC）、132 张图片（AB）、138 张图片（AC）和 150 张图片（BC）。考虑到训练集和测试集包含的样本量相对较小，因此本节共做了 5 组实验进行识别结果的验证。表 4.11 给出了在 5 组实验中不同测试集的识别率。可以看出，在三人并行的情况下，识别率为 89.918%，在两人并行的情况下，识别率分别为 88.358%、91.086%和 91.514%（平均识别率为 90.319%），均达到了 90%左右的识别率。

表 4.11 多人并行的识别率

	ABC/%	AB/%	AC/%	BC/%
实验 1	89.43	88.64	92.03	90.33
实验 2	88.62	87.88	87.32	87.33
实验 3	93.50	90.56	96.01	91.67
实验 4	87.80	85.33	91.30	91.57
实验 5	90.24	89.38	88.77	96.67
平均值	**89.918**	**88.358**	**91.086**	**91.514**

4.6　小结

本章深入研究了人体动作分类和身份识别，提取目标对应的微动特征并对目标的频谱图进行相应的处理，使用 DCNN、SVM、NB 等三种算法对人体不同动作进行分类，不同身份进行识别，并研究各种算法的抗噪声性以及人群数量对于使用 DCNN 进行身份识别时的影响。在进行动作分类时，本章考虑了同一个人的五个动作；在对人体身份进行识别时，本章总共采集了 24 个目标的同一动作，首先分别从中随机选取出 4，6，8，10，12，16，20 个目标，然后对目标进行身份识别，研究了人群数量对于 DCNN 识别结果的影响。根据目标雷达回波的差异，选取了相关的微多普勒特征作为传统机器学习算法的输入，由于深度卷积神经网络需要的数据量相对较大，因此使用一些基本的图像处理方法对时频图进行处理，扩大了数据集数量。本章在进行动作分类与身份识别时，均在雷达回波信号中加入了不同信噪比的随机噪声来研究这几种分类算法的抗噪声性。总的来说，在进行人体动作分类时，三种算法得到的识别率均大于 90%，并且 DCNN 得到的识别率远远高于 SVM 和 NB，DCNN 的抗噪性远好于 SVM 和 NB。在进行人体身份识别时，使用 DCNN 进行人体身份识别的识别率远远高于 SVM 和 NB，DCNN 的抗噪声性也远远好于 SVM 与 NB。

当人群数量增大时，使用 DCNN 进行人体身份识别的识别率会降低。具体来说，当人群数量不大于 10 时，识别率可达到 85% 以上，表明使用 DCNN 可以有效识别人体身份；当人群数量为 12 时，识别率为 77.4%；当人群数量为 16 时，识别率为 72.6%，识别率逐渐降低。此时，该方法不一定可以把人体身份一一识别，因此需要进一步完善，并且数据库也需要进一步扩充。

研究了单一步态模式下的步态识别。传统的基于雷达的步态识别方法大多使用 CNN 网络，本章通过 CNN+RNN 网络实现了不同时间段内稳定的步态识别。对于 7 人的数据集，最终在验证集和测试集上分别达到了 99% 和 90% 的识别率（其中测试集的数据获取的时间跨度超过一个月）。与传统的 CNN 网络相比，CNN+RNN 网络不仅提高了识别的稳定性，也提高了识别率。这表明使用 RNN 网络获得不同维度的特征在步态识别领域具有一定的潜力。由于所提出的 CNN+RNN 网络具有两个通道，因此本章对融合两个通道数据特征的方法进行了讨论。结果表明，本章中提及的 3 种融合方法都可以达到理想的效果。本章还将 CNN+RNN 网络与其他不同的 CNN 网络进行了对比。结果表明，CNN+RNN 网络在验证集上和测试集上的识别率都更高，也证明了 RNN 网络对结果的改善起到了作用。最后，本章针对不同时频分析方法（STFT、CWD、PWV）以及不同服饰对识别结果的影响进行了讨论。尽管实验的结果令人满意，但仍有一些地方需要改进。首先，数据集包含的人员数目较少，需要进行进一步的扩展。其次，在现实生活中，人们不可能以单一的步态模式在雷达视场中移动，需要考虑多种步态模式下的步态识别。最后，在实际生活中，多人场景也是非常常见的，同时识别多个目标也是十分关键的问题。

采用 FMCW 雷达进行多种步态模式下的步态识别，将单一步态模式扩展到生活中三种常见的步态（步行、慢跑和携带书籍步行），通过使用不同步态模式下的微多普勒特征，探索了基于 77 GHz FMCW 雷达步态识别的可行性。在 50 人和三种步态模式的情况下，网络的识别率最终达到 95% 以上。与其他研究方法中的最优识别率相比，本章方法的识别率并没有太大的差距，但本章方法的识别率是建立在 50 人数据集的基础上的，并且可以实现多种步态模式下的身份识别。考虑不同的 CNN 网络，AlexNet 和 VGG16 在本章数据集上的识别率分别为 85.23% 和 92.31%，本章所提出的 CNN+RNN 网络的识别率为 95.99%，实现了三种网络中最高的识别率。另外，即使人体目标以训练集中未包括的其他步态模式行走，该方法也可以识别人体目标的身份。

虽然传统的基于雷达的步态识别方法大多适用于单人情境，但在现实生活中更为常见的是多人情境。本章引入角度信息，提出了一种并行情况下的多人步态识别方法，以分离并行情况下的多人目标并实现步态识别。对于两人和三人并行的情况，最终分别实现了90.3%和89.9%的识别率。尽管本章的结果令人满意，但仍有一些地方需要改进。首先，在本章的训练集和测试集中；目标走向雷达的角度是一致的，如果目标从朝向雷达不同的方向走来，则可能会对识别率造成一定的影响。其次，在现实生活中，目标不可能直接走向雷达而不受到任何干扰，即目标走向雷达的轨迹可能是弯曲甚至多变的，如何在不稳定的行走轨迹中提取出相对稳定的步态特征，是未来需要考虑的研究方向。

参 考 文 献

[1] YANG Y , LEI J , ZHANG W , et al. Target Classification and Pattern Recognition Using Micro-Doppler Radar Signatures[C]//Acis International Conference on Software Engineering. Kyoto: IEEE, 2006.

[2] CAO P , XIA W, YE M, et al. Radar-ID: human identification based on radar micro-Doppler signatures using deep convolutional neural networks[J]. IET Radar, Sonar & Navigation, 2018, 12(7):729-734.

[3] ESTER M. A Density-Based Algorithm for Discovering Clusters in Large Spatial Databases with Noise[C]//National Conferences on Aritificial Intelligence. Santiago: SIGKDD, 1999.

[4] 魏瑞轩，沈东，孔韬，等. 基于 PDAF 和线性预测的实时小目标跟踪算法[J]. 系统工程与电子技术，2011（5）：978-981.

第 5 章
基于微多普勒效应的人体呼吸心率监测

5.1 引言

对于涉及简单的生命体征监测到准确监测患者健康状况的多种临床应用来说，心脏活动感知是尤为重要的：一方面，生命体征信号可以用来判断有无生命体及其基本健康状况；另一方面，生命体征信号的节律、强度和频率在很大程度上反映了内脏器官的病理变化。由于许多常见的临床症状都是突发性和潜在致命性的（如窦性心律失常、室上性心动过速、中风、心肌梗死、心律失常和婴儿猝死等），因此急需进行早期监测和通过持续监测进行预防。在各种常见的生命体征监测方法中，与心脏活动有关的方法有心电图（Electrocardiogram，ECG）、心音图（Phonocardiography，PCG）、心冲击图（Ballistocardiography，BCG）、光电容积脉搏波（Photoplethysmography，PPG）、心震描记法（Seismocardiography，SCG）等。

最无创、最方便的方法是非接触式测量由心脏活动引起的人体振动或小动脉血管中的血容量波动，如基于激光的、基于 Wi-Fi 的、基于雷达或基于摄像头的。这些非接触式测量系统通常存在精度低或硬件设备要求高的缺点。与典型的接触法测量相比，只能提供心率（Heart Rate，HR）等长时间稳定的参数，不能通过监测到某些固定的心脏时序（Cardiac Timings，CarT）来描述心脏活动（如心脏收缩和舒张期间隔）。目前，基于最新雷达检测算法的研究，多普勒雷达传感器测量有望成为解决该问题的最有前景的技术。下面将讨论雷达传感器的三种潜在能力，即心率估计（一级）、心率变异性（Heart Rate Variability，HRV）分析（二级）和心脏时序（CarT）监测（三级）。

通常，从雷达信号中估计心率的一种方法是在一个相对较长的时间窗口内测量心跳的平均周期或频率，心率变异性是通过心跳尖峰间隔（Beat-to-Beat Intervals，BBIs）的变化来衡量的。与心率相比，心率变异性的测量对心脏活动的检测精度要求更高。目前，所有的方法都是通过检测心搏时刻来实现的。也就是说，心脏活动相当于一个脉冲串振动。该模型虽可以提高心搏时刻的信噪比和检测概率，但会牺牲时间精度。

此外，CarT 检测已成为一种公认的无创技术，用于评估低血容量的心血管功能和心脏再同步治疗的预筛选。基于雷达的临床监护需要提供准确的生理参数，分析心肺活动的时域特征，这就需要对类 ECG 的心脏时序信号进行无接触重构。要实现高精度的心脏活动感知，必须进行上述三级检测。现有的雷达信号处理方法大多稳定性差、抗干扰能力弱、系统结构复杂。为了解决这些问题，本章将提出一种高精度的人体弱微动多分量生理信号分离与感知技术。

5.2　高精度心脏活动感知技术

5.2.1　解码峰值检测算法

基于雷达信号进行BBIs估计的直接有效解决方案是直接从FEnv特征中提取峰 P1 峰峰值的值。P2 峰的存在往往会导致误检，影响检测精度。通过增加 STFT 的窗口长度（例如 512ms），虽可以实现 FEnv 中两个峰的融合，但会导致时间分辨率不足和精度低。本节提出了一种新的 BBIs 估计方法，被称为解码峰值检测（Decoding Peak Detection，DPD）算法。本算法是基于 100ms 的 FEnv，提取 P1 峰值。考虑到大多数 P2 峰值小于 P1 峰值，尝试将特征序列 FEnv 映射为观测概率，从而将峰值检测问题转化为一种概率估计问题。

首先，定义状态 $\xi = [\xi_1, \xi_2]$，其中 ξ_1 指的是 P1 状态，也就是标定此时刻为 P1 时刻，ξ_2 指的是非 P1 状态。时间 t 的状态表示为 q_t，状态序列为连续的 Q。观察序列表示为 $O = \{O_1, O_2 \cdots, O_T\}$，其中 T 表示整个序列的观测时间，在本节中，O_t 指 t 时刻的 FEnv 特征值。

事实上，P1 峰值只能出现在某个时刻，若假设 ξ_1 持续一段时间，为 P1 峰值出现的感兴趣区间，则有助于提高算法的抗噪声性，提高检测成功率。与此同时，假设这些状态的持续时间 $p_j(d)$ 符合高斯分布模型，则 ξ_2 的持续时间大约等于心跳周期减去 ξ_1 的持续时间，即

$$
\begin{cases}
\mathrm{d}u_{\xi_1} = 200(\mathrm{ms}) \\
\mathrm{d}\sigma_{\xi_1} = 0.1 \times \mathrm{d}u_{\xi_1}(\mathrm{ms}) \\
\mathrm{d}u_{\xi_2} = \mathrm{eHR} - \mathrm{d}u_{\xi_1}(\mathrm{ms}) \\
\mathrm{d}\sigma_{\xi_2} = 2 \times \mathrm{d}\sigma_{\xi_1}(\mathrm{ms})
\end{cases}
\tag{5.1}
$$

式中，eHR 是利用自相关估计的心跳周期持续时间。每个状态的状态驻留时间 $p_1(d) = N(\mathrm{d}u_{\xi_1}, \mathrm{d}\sigma_{\xi_1})$，$p_2(d) = N(\mathrm{d}u_{\xi_2}, \mathrm{d}\sigma_{\xi_2})$。

上述参数选择正确与否关系到最后算法的精度，同时考虑到 P1 峰发生在 R 峰后，P1 的持续时间不应超过心脏收缩期，且受时频分布分辨率的影响。通过实验分析，在上述参数下，该算法具有良好的扩展性。一个实测信号在每个状态的驻留时间分布如图 5.1 所示。

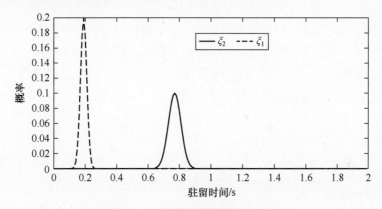

图 5.1　在每个状态的驻留时间分布

使用 Logistic 函数获得一个特定的观测值 $b_j(O_t | \xi_j)$，在给定均值 μ 和标准差 Σ 的情况下，有

$$
b_1(O_t) = P[O_t | q_t = \xi_1] = \sigma\left(\frac{O_t - \mu}{\Sigma}\right)
\tag{5.2}
$$

$$
b_2(O_t) = P[O_t | q_t = \xi_2] = 1 - P[O_t | q_t = \xi_1]
\tag{5.3}
$$

式中，$\sigma(x) = 1/[1 + \exp(-x)]$，隐含的意义就是观测值越大，隐藏状态为 ξ_1 的概率越大，P1 的可能性越高；相反，非 P1 状态 ξ_2 的概率越小。此外，Logistic 函数所引起的非线性映射使上述对比关系更加明显。观测值序列（特征 FEnv）和特定观测概率如图 5.2 所示。其中，观测序列 O_t 为上述 FEnv，观测概率由式（5.2）和式（5.3）进行计算。

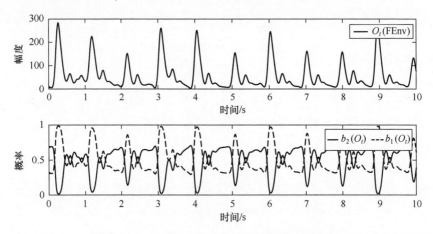

图 5.2 观测值序列（特征 FEnv）和特定观测概率

由于观测的周期性和每个状态的稀疏性，希望每个状态驻留时间都能满足期望的分布，符合式（5.1），因此在给定观测值和当前模型参数的情况下，可采用动态规划算法（修正的 Viterbi 算法）寻找最有可能产生观测值序列的隐藏状态序列 Q，需要解决以下最小值优化问题，即

$$Q^* = \underset{Q}{\mathrm{argmin}}\, P(Q \mid O, A, B, p) \tag{5.4}$$

式中，Q^* 是估计得到的最可能的状态序列；O 是观测值；B 是观测分布 $b_j(O_t \mid \xi_j)$；p 是每个状态驻留时间的概率密度函数 $p_j(d)$；A 是转移矩阵，定义为

$$A = \begin{pmatrix} 0 & 1 \\ 1 & 0 \end{pmatrix} \tag{5.5}$$

值得注意的是，由于该模型考虑了每个状态的驻留时间，因此每个状态的自转移概率必须设置为零，并且每个状态有且只有一个转移状态。

$\delta_t(j)$ 在时间 t（$t \in [1,T]$）处于状态 j 的概率为

$$\delta_t(j) = \max_d \left\{ \max_{i \neq j} [\delta_{t-d}(i) \cdot a_{ij}] \cdot p_j(d) \cdot \prod_{s=0}^{d-1} b_j(O_{t-s}) \right\} \tag{5.6}$$

式中，$i, j \in \{1,2\}, d \in [1, \mathrm{eHR}]$；$a_{ij}$ 是转移矩阵。

可以在时间 t 以最大概率得到最有可能的隐藏状态，其前面的状态可以通过回溯得到，即

206

$$q_T^* = \underset{1 \leqslant i \leqslant 2}{\arg\max}[\delta_T(i)] \qquad (5.7)$$

通过解码过程可以得到最有可能的状态序列 Q^*，如图 5.3 所示，只由 ξ_1 和 ξ_2 组成。

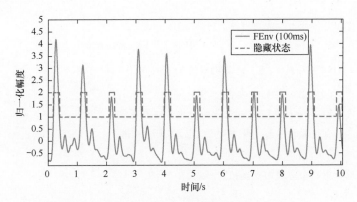

图 5.3　用修正的 Viterbi 算法计算的最佳状态序列

接下来可以生成二进制掩码信号 s_b 为

$$s_b(t) = \begin{cases} 1, & q_t^* == \xi_1 \\ 0, & \text{其他} \end{cases} \qquad (5.8)$$

最后一步就是峰值的确定。由于原始特征 FEnv 由二进制掩码信号 s_b 进一步滤波处理，因此在将 FEnv 划分为多个独立的小邻域后，在每个领域进行最大值检测，不是通过峰值检测来获得 P1 的序列索引（见图 5.4）。由于噪声的影响，在一个邻域可能存在多个峰值，因此本算法提取最大值以确保在一个邻域内只能存在一个 P1。

扫描二维码
查看彩图

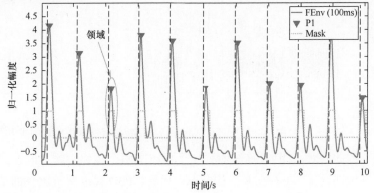

图 5.4　通过领域检测从 FEnv 检测到的 P1 序列索引（黑色：同步心电图中的 R 峰）

完整的算法如下：

算法：基于解码峰值检测算法的 P1 估计

输入： 100ms 观测时长对应的频率包络谱序列 O。

1. 预处理

（a）根据自相关估计出心跳周期持续时间 eHR。

（b）根据式（5.1）和上一步估计得到的 eHR 计算状态持续时间 $p_j(d)$。

（c）基于式（5.2）和式（5.3）计算观测值 $b_j(O_t|\xi_j)$。

2. 解码

（a）基于式（5.6）和式（5.7）的改进维特比算法寻找最可能的状态序列 Q^*。

（b）计算二进制掩码信号 s_b 并获得滤波后的频率包络谱。

3. 注释

选择掩码信号中每个邻域的最大值。

输出： P1 序列。

为了验证解码峰值检测算法的有效性，与传统峰值检测（Traditional Peak Detection，TPD）算法进行了比较。在 FEnv 特征上，利用传统峰值检测算法，并通过忽略彼此非常接近的峰值来提高对周期持续时间的估计。这里将 TPD 算法中可接受的峰间间隔限制为大于心率的 0.8 倍，以消除第二个峰值 P2 的误差。图 5.5 中的结果表明，当第二峰值 P2 大于第一峰值 P1 时，DPD 算法的性能将显著优于传统峰值检测算法。这是因为 TPD 算法更多关注的是峰值，意味着将尽可能多地检测出值更大的峰。相反，通过引入每个状态的持续时间，解码峰值检测算法实现了峰值间隔和峰值之间的折中，能够实现稳定的 P1 检测。

扫描二维码
查看彩图

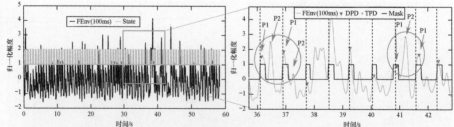

图 5.5　解码峰值检测算法和传统峰值检测算法（黑色：同步 ECG 中的 R 峰）

与此同时，DPD 算法的另一个优点是两个相邻心跳之间的间隔基本不会超过预期设置，不存在漏检的情况。相反，TPD 算法所检测到的拍数往往与参考拍数不同，会导致错误的结果。

5.2.2　雷达心跳信号分割

通过对滤波后的雷达信号进行心脏时序分析，可以利用 FEnv 特征标记一些基本时序 P1 和 P2，这些标记峰值点只能作为 HR 或 HRV 分析的参考。此外，心脏时序分割是雷达信号自动分析的关键步骤，与心音信号一样，心脏时序的精确定位也是确定心脏收缩期或舒张期的先决条件，允许随后对心血管功能进行无创性评估。

受二元 Logistic 回归模型的启发，提出了一种基于 Logistic 回归隐半马尔可夫模型（Hidden Semi-Markov Model，HSMM）的雷达心跳信号分割方法。

当使用包含四个隐藏状态的 HSMM 进行心脏时序分析时，每个状态在一个心跳周期中都有独立的持续时间。与心音分割中感兴趣的周期类似，这些周期是 P1 期、P1 与 P2 之间的收缩期、P2 期、P2 和 P1 之间的舒张期，且只能以固定的顺序出现：P1、收缩、P2、舒张。

在提取特征之前，使用抗混叠有限脉冲响应（Finite Impulse Response，FIR）低通滤波器对所有雷达心跳信号从 50kHz 重采样到 1kHz，同时得到带通滤波器信号 s_{bp}。然后计算以下特征：

（1）包络：对于正交解调雷达系统，s_{bp} 是一个解析信号，包络 Env 可以表示为

$$\text{Env}(t) = \text{abs}(s_{bp}(t)) = \sqrt{I_{bp}^2(t) + Q_{bp}^2(t)} \tag{5.9}$$

式中，I_{bp}、Q_{bp} 分别代表同相分量和正交分量。

（2）同态滤波包络图：包络信号 Env 可以看作是平稳分量和振荡分量的乘积，使用低通滤波器去除对数域中的高频分量，通过反变换可得到平滑的同态滤波包络图，即

$$\text{HEnv}(t) = \exp\{\text{LP}[\ln(\text{Env}(t))]\} \tag{5.10}$$

式中，LP 代表零相位低通滤波器，实验中的截止频率为 8Hz。

（3）FEnv：在这里，通过计算 TFR 中 8～50Hz 的平均功率谱密度来获得 FEnv，是由 100ms 窗口长度的 STFT 导出的。

所有数据的每个特征都由 Z-score 单独标准化。标准化后，数据集的均值为 0，标准差为 1，保留原始数据集的形状属性，同时将得到的特征向量从 1kHz 进一步降采样到 100Hz 以加速计算。来自实测信号的特征向量和人工标记状态

如图 5.6 所示。

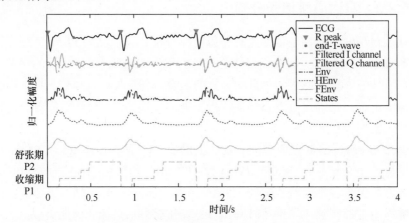

图 5.6　实测信号的特征向量和人工标记状态

需要注意的是，当 HSMM 的维特比序列 Q^* 被识别后，还可以继续估计 BBIs。直观地说，BBI 等于相同隐藏状态的间隔，即任何满足对齐条件的时间点都可以用来估计 BBIs。这里使用 P1 的起始时间作为心跳时间来估计 BBI。

5.3　算法验证

下面将所提算法应用于一系列实验信号，以评估所提方法的有效性：首先，以同步心电信号为参考，重点分析了提取 BBIs 的准确性；然后，重点研究比对了基于雷达和基于 ECG 提取的 HRV 特征；最后，重点关注基于 HSMM 雷达信号分割的性能。

5.3.1　可靠性分析

为了衡量所提方法的可靠性，分析了 DPD 算法准确检测心跳个数的能力，并与 R 峰参考值进行了比较。在这一部分中，如果在两个 R 峰之间发现一个且仅有一个检测点，则说明检验正确（True Positive，TP）。在这样的间隔内没有出现检测点被视为假阴性（False Negative，FN），超过两次没有出现检测点，则被视为假阳性（False Positive，FP）。在分类任务中广泛使用的 F_1 分数被定义为

$$F_1 = 2 \times \frac{pr}{p+r} \tag{5.11}$$

$$p = \frac{TP}{TP + FP} \times 100\% \qquad (5.12)$$

$$r = \frac{TP}{TP + FN} \times 100\% \qquad (5.13)$$

式中，p 表示精度；r 表示召回率（灵敏度）。

图 5.7 显示了信噪比（SNR）对精确度的影响，分别测试了在四种不同最大呼吸振幅下 F_1 与信噪比的关系。其中，呼吸振幅 B_{max} 在强噪声环境中成为一个严格的限制条件，可以清楚地看到它对于检测结果的影响。与预期一致，随着信噪比的降低，即从 30dB 降至−20dB，所提方法的性能下降缓慢，呼吸振幅越小，虽 F_1 越小，却在可接受范围内（最小 F_1 为 0.8079）。值得注意的是，当信噪比大于某一阈值，即 15dB（最小 F_1 为 0.9839）时，检测误差很小，趋于稳定，呼吸振幅对检测精度的影响很小。在这种情况下，不考虑精确测量 BBIs 的能力，只考虑心跳次数，所提算法成功地检测到了所有心跳。此外，当 A_r 超出正常范围，即 $A_r = 20$mm 时，呼吸频率分量会过多地泄漏到高次谐波，将被带通滤波器捕捉，影响后续的估计，导致精度严重下降。因此所提算法虽对于高频干扰较为敏感，但对于一些低频干扰的抑制较好。

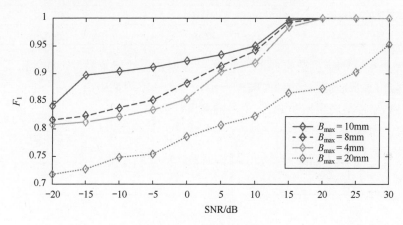

图 5.7　F_1 与信噪比的关系

5.3.2　数据采集

（1）参考心电图数据：ECG 数据测量由商用可穿戴传感器 NUL-218 采集。与常规的医用心电图相同，该传感器相当简单的基于三引线的心电传感器，采样频率设置为 100Hz，通过变分模式分解，去除第一和最后一种模式，将剩余模式相加，消除了心电信号的基线噪声和高频噪声。QRS 波和 T 波检测分别采用应用广泛的 Tompkins 算法和 Zhang 算法，所有检测结果已手动校正。

（2）雷达数据：雷达信号采集采用 50kHz 采样频率的 24GHz CW 多普勒雷达。受试者离雷达 0.5m 处静止，正常呼吸，并保证胸部在雷达波束内。天线规格如表 5.1 所示。

表 5.1　天线规格

全波束宽度（−3dB）		旁瓣抑制水平	
垂直	7°	垂直	15dB
水平	28°	水平	15dB

数据集描述如表 5.2 所示。其中包括来自 6 名健康受试者（3 名男性和 3 名女性）的 54 个同步雷达和 ECG 记录。

表 5.2　数据集描述

描　述　符	数　据　集 1	数　据　集 2
受测人数	6	6
记录数/人	7	2
记录的数据持续时间	100～120s	5min
采样频率（雷达）	1kHz	1kHz
采样频率（ECG）	100Hz	50Hz

数据集中的实测数据如图 5.8 所示。原始雷达信号经过带通滤波器后的 TFR 与仿真带通滤波信号的 TFR 一致，单个心跳周期中出现两个强散射点，并且 FEnv 特征展现出和 ECG 信号的高度一致性。

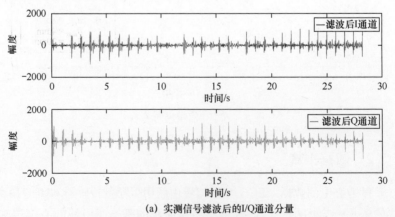

(a) 实测信号滤波后的I/Q通道分量

图 5.8　数据集中的实测数据

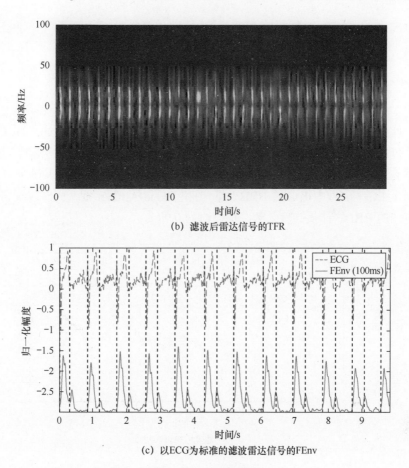

(b) 滤波后雷达信号的TFR

(c) 以ECG为标准的滤波雷达信号的FEnv

图 5.8　数据集中的实测数据（续）

5.3.3　准确性分析

为了分析提取的 BBIs 与 ECG 信号的准确性，平均相对误差（Mean Relative Error，MRE）被定义为

$$\mathrm{MRE} = \frac{1}{N_{\mathrm{BBI}}} \sum_{i=1}^{N_{\mathrm{BBI}}} \frac{\left| \mathrm{BBI}_{\mathrm{radar}}(i) - \mathrm{BBI}_{\mathrm{ECG}}(i) \right|}{\mathrm{BBI}_{\mathrm{ECG}}(i)} \tag{5.14}$$

式中，N_{BBI} 是检测到 BBI 的数目；$\mathrm{BBI}_{\mathrm{ECG}}(i)$ 是 ECG 信号中的 R-R 间隔；$\mathrm{BBI}_{\mathrm{radar}}$ 是通过解码峰值检测算法或者 HSMM 算法从雷达信号中提取到的 BBIs。

在临床研究中，Bland-Altman 分析通常用于评估两种方法的一致性。在这里，使用 Bland-Altman 图来表示基于雷达的 BBIs 和基于 ECG 的 BBIs 之间的

213

偏差。95%CI 被定义为

$$\begin{cases} \mathrm{LoA\_L} = \mathrm{Mean} - 1.96 \times \mathrm{STD} \\ \mathrm{LoA\_U} = \mathrm{Mean} + 1.96 \times \mathrm{STD} \end{cases} \qquad (5.15)$$

式中，Mean 和 STD 分别为所有差异的平均值和标准差。

此外，还引入了组内相关系数（Intraclass Correlation Coefficient，ICC）来评估可靠性。一般来说，ICC 大于 0.75 表示来自同一组的值高度相似。图 5.9 和图 5.10 分别给出了通过 DPD 算法和 HSMM 算法从受试者的 300s 雷达信号和同步 ECG 信号中提取的 BBIs 时间图和 Bland-Altman 图，同时发现雷达和心电图的 BBI 估计值高度一致（ICC 约为 0.99）。

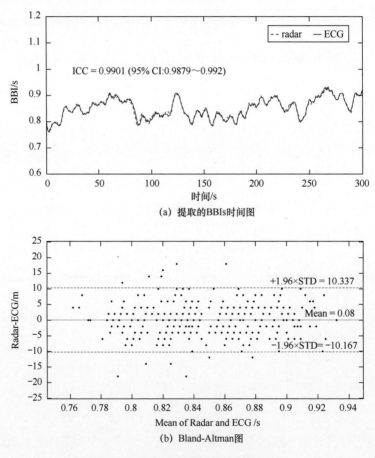

(a) 提取的BBIs时间图

(b) Bland-Altman图

图 5.9　通过 DPD 算法提取雷达 BBIs

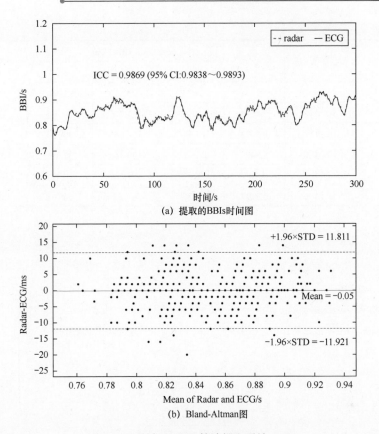

(a) 提取的BBIs时间图

(b) Bland-Altman图

图 5.10　通过 HSMM 算法提取雷达 BBIs

本节计算了所有 MRE、ICC 和 95%CI，使用以上两个数据集中每个受试者的所有数据，如表 5.3 所示。注意，通过所提出的两种算法，HSMM 算法和解码峰值检测（DPD）算法的 MRE 分别为 0.51%～1.06%和 0.37%～1.15%，所有 ICC 分析结果均大于 0.75。

表 5.3　提取的 BBIs 的精度分析

受　试　者	本章算法	MRE/%	Bland-Altman/ms			ICC
			Mean	LoA_L	LoA_U	
S1	DPD	0.5607	0.13	−12.942	13.196	0.9845
	HSMM	0.624	0	−14.54	14.54	0.9809
S2	DPD	0.3727	−0.34	−10.787	10.103	0.9983
	HSMM	0.5149	0.07	14.001	14.143	0.9969
S3	DPD	0.4613	0.03	−18.132	18.194	0.991
	HSMM	0.9871	−0.49	−32.198	31.21	0.9708

受 试 者	本章算法	MRE/%	Bland-Altman/ms			ICC
			Mean	LoA_L	LoA_U	
S4	DPD	1.1494	−0.77	−24.512	32.964	0.7521
	HSMM	1.0643	−0.42	−31.075	30.241	0.7808
S5	DPD	0.8599	1.94	−37.055	40.931	0.8642
	HSMM	0.8473	1.42	−33.646	36.488	0.891
S6	DPD	0.8487	0.37	−39.729	40.475	0.9040
	HSMM	0.7147	0.26	16.116	16.642	0.9688

5.3.4 HRV 分析

标准 HRV 特征由数据集 2 估计。三个时域 HRV 测量值，包括 RR 间期平均值（mean of RR intervals，MRR）、RR 间期平均值标准差（standard deviation of normal to normal RR intervals，SDNN）和相邻 RR 间期差值的均方根（the root-mean-squared differences of successive RR intervals，RMSSD）被定义为

$$MRR = \frac{1}{N_{BBI}} \sum_{i=1}^{N_{BBI}} BBI(i) \tag{5.16}$$

$$SDNN = \sqrt{\frac{1}{N_{BBI}} \sum_{i=1}^{N_{BBI}} (BBI(i) - MRR)^2} \tag{5.17}$$

$$RMSSD = \sqrt{\frac{1}{N_{BBI}-1} \sum_{i=2}^{N_{BBI}} (BBI(i) - BBI(i-1))^2} \tag{5.18}$$

与此同时，根据 BBI 功率谱密度的不同频带（LF:0.04～0.15Hz，HF:0.15～0.4Hz，TP:0～0.4Hz）计算了医学分析中常用的频域参数：低频功率（LF）、高频功率（HF）和总功率（TP）。

表 5.4 为估计得到 BBIs 的 HRV 测量值，每个数据时长为 5min。结果表明，雷达信号的心率估计（MRR）与心电信号基本一致。基于 SDNN 和 RMSSD 参数，这些信号的性能也显示出很高的一致性，再次证实了所提出的两种算法的可靠性。通过与时域特征的比较可以看出，低频、高频和 TP 等高频特征的结果与心电图结果有很大的不同。特别是当受试者 S4 的 ICC 系数较小时，

虽误差较大，但都在典型范围内，证明了实验的可靠性。

表 5.4 估计得到 BBIs 的 HRV 测量值

受试者	算法	MRR/ms	SDNN/ms	RMSSD/ms	LF/ms^2	HF/ms^2	TP/ms^2
S1	ECG	846.7	37.9	25.2	310.53	114.31	1229.3
	HSMM	847.6	37.8	39.1	308.55	274.46	1371.4
	DPD	847.4	37.9	53.9	304.71	490.83	1585.65
S2	ECG	889.7	91	14.4	602.07	65.94	3725.63
	HSMM	889.8	91.2	16	611.99	74.3	3715.71
	DPD	889.4	91.1	15.4	586.48	61.57	3698.47
S3	ECG	1061.2	67.7	67.8	964	2702.16	3967.14
	HSMM	1060.7	65.6	65.8	1073.15	2385.53	3757.1
	DPD	1061.2	69.6	69.8	1086.91	2764.73	4170.15
S4	ECG	989.6	21.4	8.87	129.06	317.37	658.18
	HSMM	989.2	25.5	19.2	158.21	238.81	856.8
	DPD	988.9	27	21.8	182.86	401.89	918.51
S5	ECG	881.7	39.3	18.5	687.97	613.45	1837.62
	HSMM	883.2	37.2	26.3	679.82	697.1	1862.52
	DPD	883.7	37.1	26.2	708.56	671.44	1856.64
S6	ECG	764.6	34	22.5	415.62	1233.2	1841.8
	HSMM	764.8	39.6	39.2	464.14	1277.6	1940.3
	DPD	764.8	39.6	39.2	451.45	1122.1	2190.3

5.3.5 心脏时序分析

基于 HSMM 雷达信号分割结果如图 5.11 所示。为了更好地突出分割方法的正确性，选取信号的 FEnv 特征来展示分割结果，但是实际上被分割的是带通滤波雷达信号。

为了评估雷达信号分割方法在数据集中准确定位 P1 和 P2 位置的正确性，通常通过计算 F_1 来实现。P1 和 P2 的参考位置是同步心电信号中标记的 R 峰峰值和 T 波结束位置。如果发现分段周期的开始时间在相应参考位置的 50 ms 内，则将该检测结果标记为 TP，所有其他标记状态均定义为 FP。可以通过计算在预定间隔中是否存在检测位置来获得 FN。

为了衡量分割性能，将两个数据集合并按不同的人进行分割，HSMM 的训练来自其中 5 个人的数据，而评估则在另一个人的数据上进行。整个模型评估过程重复 6 次，平均结果（F_1，P1 和 F_1，P2）以及联合平均 F_1 分数（F_1，

AVG）列于表 5.5 中，F_1 平均得分为 93.19（1±0.73%）。虽然这种方法的准确率不如接触式心音分割，但为基于非接触式雷达的心脏活动检测提供了一个广阔的前景。

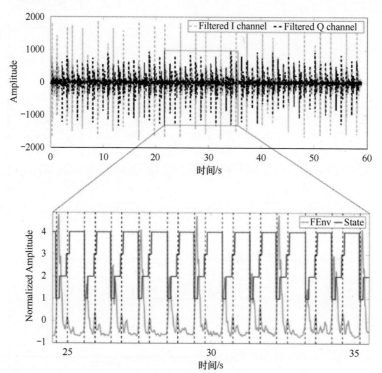

扫描二维码
查看彩图

图 5.11　基于 HSMM 雷达信号分割结果（蓝色：R 峰；黑色：T 波末端）

表 5.5　雷达信号分割的 F_1 分数

次　数	$F_1,P1$	$F_2,P2$	F_1,AVG
6	93.89（1±1.56%）	92.76（1±1.05%）	93.19（1±0.73%）

5.4　小结

　　心脏活动感知的最新算法与本章提出算法的比较如表 5.6 所示。本章提出算法比其他任何进行 HRV 分析的算法都具有更低的误差，不仅可以简单、准确、有效地进行 BBI 检测和 HRV 分析，还可以实现基本的信号分割，检测一些特殊的心脏时序，如 P1 期、P1 期和 P2 期之间的收缩期、P2 期、P2 期和

P1 期之间的舒张期，从而可以进一步进行心脏诊断。虽然所采用的分割方法非常简单，但是可以发现雷达信号和心音信号之间的一些内在联系，了解心脏活动的一些机制。

表 5.6　心脏活动感知的最新算法与本章算法的比较

算法	系　统	方　法	人数	时长/s	BBIs 性能	雷达时序分析性能
文献 [1]	5.8GHz CW 雷达	复杂 复信号解调 时窗变分技术	4	30	MRE/% 3.37	N/a
文献 [2]	5.8GHz CW 雷达	复杂 复信号解调 小波变换 数据长度变化技术	4	60	MRE/% 3.52	N/a
文献 [3]	24GHz CW 雷达	简单 带通滤波器组 过零点检测	10	180	MRE/% 1.54	N/a
文献 [4]	24GHz CW 雷达	复杂 反正切解调 随机样本一致性算法 波形分析	4	25	N/a	P 波、QRS 波和 T 波检测
文献 [5]	24GHz 六端口 CW 雷达	复杂 反正切解调 椭圆拟合算法 HSMM	11	20	N/a	雷达心音检测 F_1: 92.22（1±2.07%）
本章算法	24 GHz CW 雷达	简单 复信号解调 DPD 解码峰值检测	6	120/300	MRE/% 1.15	P1 检测
		简单 复信号解调 带通滤波 HSMM	6	300	MRE/% 1.06	收缩期和舒张期检测 F_1: 93.19（1±0.73%）

在这项研究中，我们设计了一个基于雷达的方法，能够通过 DPD 算法来进行高精度的 BBIs 估计。利用带通滤波雷达信号的 FEnv 特性和非线性函数的引入，在不需要训练的情况下，巧妙地建立了观测值与观测概率之间的映射关系。为此，通过对最有可能的状态序列进行解码来解决包络峰值提取问题，解决了第二个峰值引起的误检问题。基于所提出的 DPD 算法，所有受试者的平

均相对误差均小于 1.2%。

同时，通过对雷达信号的心脏时序分析，可以发现基于雷达的检测方法在某些特定时间点检测的优势。此外，我们提出了一种利用 LR-HSMM 从滤波雷达信号中分割出 P1 与 P2 间隔期的新方法，平均得分为 93.19（1±0.73%）。我们还比较了由 P1 起始时间导出的 BBIs 检测方法的准确率，MRE 在 0.51%～1.06%之间。

结果表明，本章提出的两种方法在处理 HRV 测量方面的性能优于以往公开发表的方法。此外，还发现基于雷达和基于心电图的心脏活动检测有很高的一致性。

参 考 文 献

[1] TU J, LIN J. Fast acquisition of heart rate in noncontact vital sign radar measurement using time-window- variation technique[J]. IEEE Transactions on Instrumentation and Measurement, 2015, 65(1): 112-122.

[2] LI M, LIN J. Wavelet-transform-based data-length-variation technique for fast heart rate detection using 5.8-GHz CW Doppler radar[J]. IEEE Transactions on Microwave Theory and Techniques, 2017, 66(1): 568-576.

[3] PETROVIĆ V L, JANKOVIĆ M M, LUPŠIĆ A V. High-accuracy real-time monitoring of heart rate variability using 24 GHz continuous-wave Doppler radar[J]. IEEE Access, 2019, 7: 74721-74733.

[4] DONG S, ZHANG Y, MA C. Doppler Cardiogram: A Remote Detection of Human Heart Activities[J]. IEEE Transactions on Microwave Theory and Techniques, 2019, 68(3): 1132-1141.

[5] CHRISTOPH W, KILIN S, SVEN S. Radar-Based Heart Sound Detection[J]. Scientific Reports, 2018, 8(1): 11551.

第 6 章
基于微多普勒效应的车内活体检测

6.1 引言

随着生物雷达的发展，其应用领域和场景也在逐渐被拓宽，除了室内场景的应用，车内生物雷达的应用也逐渐增多。随着汽车数量的激增，因成人疏忽将儿童遗忘车内导致的悲剧也时有发生，车内活体检测技术或有望避免此类事故的发生。本章基于此背景对后排活体检测算法进行详细研究。生物雷达的应用场景从室内变为车内，检测的环境发生了极大的变化，相应的信号处理流程也随之改变，车内可以等效为一个密闭金属空间，对此环境中的目标检测需要进行另外讨论。本章主要研究了 FMCW 毫米波雷达的舱内后排活体检测算法，并对其进行工程实现和实车测试。

本章的主要内容安排如下：6.2 节研究了后排活体检测算法原理及流程，首先提出了一种基于相位历程的车内后排杂波抑制算法，并根据此方法设计了静止活体检测流程，接着研究了基于 Z-score 特征的车内运动活体检测方法；6.3 节首先对后排活体检测算法全流程进行设计，然后为了车内检测的稳定性提出了对近距离雷达遮挡目标的检测模块，并研究了降低活体检测漏报率和误报率的检测结果置信方法，最后介绍了活体检测雷达的工程实现，在实车场景中进行工程测试并分析了测试数据和结果。

6.2 后排活体检测算法研究及数据分析

车内人员检测与室内人员检测的不同在于车内距离较短，一般最大检测距离不超过 2m，且车内人员通常是静止的。这就导致了车内人员检测无法沿用第 3 章中的室内人员检测方法，无法使用 R-D 图检测、波束形成及跟踪等算法进行处理。目前用来检测车内后排是否有人员存在的技术主流为座椅占位检测，该技术存在一些难以解决的问题，例如无法消除静态杂波的影响、儿童在脚垫位置时难以检测等。针对这些问题，我们提出了基于生命体征信号检测的后排活体检测算法。呼吸和心跳生命体征是区分人体和物体的显著特征，由心跳引起的胸腔壁位移微动信号幅度不到呼吸信号的十分之一，导致雷达回波中呼吸信号的信噪比和信杂比远远超过心跳信号，可将呼吸微动信号检测作为活体检测的依据。

6.2.1 基于相位历程的杂波抑制方法

人体呼吸对雷达回波进行调制，通过解调回波信号可以提取人体的呼吸信息，但人体特别是儿童的呼吸信号相比于车内其他信号是十分微弱的，导致活体检测容易受到车内杂波信号的干扰。目前基于毫米波雷达的车内活体检测算法大多只能针对静态固定杂波进行抑制，车内往往存在，如晃动水杯、风扇、摆件等的非静态杂波干扰，且车内等效为金属密闭空间，导致各种杂波干扰信号的多径效应明显，给活体检测带来了十分复杂的问题。针对此问题，本节提出了一种基于相位历程的干扰抑制算法。下面对该算法的原理及推导过程进行详细分析。

雷达中频信号角频率和相位分别为

$$\omega_I(nT_c) = \frac{4\pi S x_r(nT_c)}{c}, \varphi_I(nT_c) = \frac{4\pi f_c x_r(nT_c)}{c} - \varphi_0 \tag{6.1}$$

由式（6.1）可知，从中频信号的相位可以获取呼吸信号的幅度和频率。在这里，脉冲周期为微秒级，在单 Chirp 周期中，由呼吸引起的胸腔壁位移几乎为零，中频信号的相位 $\varphi_I(nT_c)$ 近似为常数，为了测量中频信号的相位变化，需要在足够长的帧周期间隔连续发射 FMCW 波形。

首先对车内的静止活体进行检测。基于相位历程的干扰抑制和静止活体检测算法流程如图 6.1 所示，主要包括三个部分：距离项生成、干扰抑制图构建及静止活体目标检测。

距离项生成示意图如图 6.2 所示。雷达配置为每帧一个 Chirp 脉冲，对每帧的中频信号，即快时间采样数据 $A[m]$ 作 M 点的 FFT，得到包含活体目标距离信息的一维距离项数组 $A'[m]$，其中 $m = 0,1,\cdots,M-1$，M 为一维距离项的距离门数目。将每帧的一维距离信息 $A'[m]$ 积累一定帧数后按列堆叠，这个过程相当于对慢速微动信号进行采样，即慢时间采样，得到 $M \times N$ 维距离-慢时间矩阵 $M[m,n]$，其中 $n = 0,1,\cdots,N-1$，N 为慢时间采样点数，矩阵的第一维数据包含目标的距离信息，第二维数据包含未被处理的目标速度信息。距离项矩阵第一维数据包含雷达照射范围内所有目标的距离信息，除了车内待检测活体微动信号，还包括其他的干扰杂波信号。

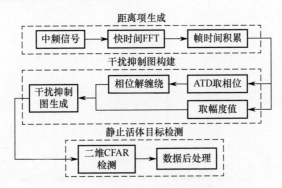

图 6.1　干扰抑制和静止活体检测算法流程

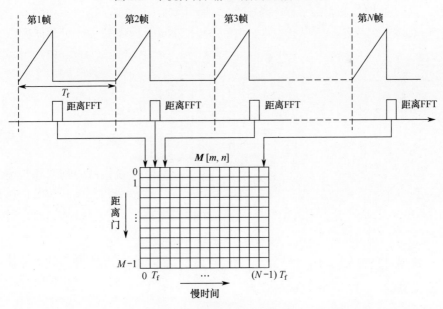

图 6.2　距离项生成示意图

若对慢时间维度进行第二次 FFT，就得到了传统意义上的 R-D 频谱图。此时，R-D 频谱图上的第二维数据包含雷达照射范围内所有目标的速度信息，呼吸信号实质上是一个慢速信号，待检测目标的多普勒频率就会十分接近直流信号，即静止目标信号，车内后排的静止目标（包括后排座椅、静止杂物、金属车架等）十分杂乱，由于人体胸腔的回波信号幅度与此类杂波相比十分接近，甚至比杂波信号的回波幅度还小，导致 R-D 频谱图上的人体回波信号会淹没在零多普勒信号的旁瓣中，且在雷达照射范围内经常有挂件、晃动摆件等具有微多普勒（微动信号的多普勒效应）信息的杂波信号，对 R-D 频谱图上的目标检测造成了更大的困难。

在幅度上难以区分静止人体微动信号和杂波信号，考虑从相位和幅度频率信息上进行处理。相位频率矩阵生成示意图如图 6.3 所示。

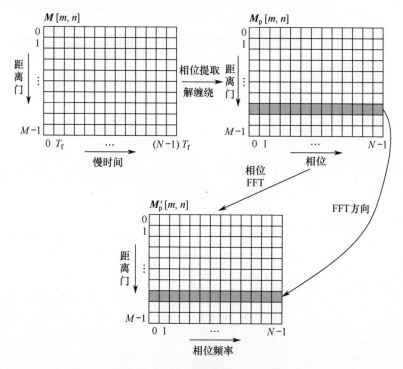

图 6.3　相位频率矩阵生成示意图

首先对距离-慢时间矩阵 $M[m,n]$ 沿慢时间维度采用反正切（ATD）方法进行相位提取，ATD 相位提取公式为

$$M_p[m,n] = \arctan \frac{\text{imag}(M[m,n])}{\text{real}(M[m,n])} \tag{6.2}$$

由于 arctan 函数的值域在 $-\pi \sim \pi$ 之间，导致提取到的相位是不连续的，

当某些真实相位值超过 $-\pi \sim \pi$ 区间时，会出现缠绕现象，需要进行解缠绕操作，具体为

$$\varphi_n = \begin{cases} \varphi_n - 2k\pi, & \varphi_n - \varphi_{n-1} > \pi \\ \varphi_n + 2k\pi, & \varphi_n - \varphi_{n-1} < -\pi \\ \varphi_n, & |\varphi_n - \varphi_{n-1}| < \pi \end{cases} \tag{6.3}$$

式中，φ_n 为当前采样点相位；φ_{n-1} 为前一个采样点相位；k 为正整数。其核心为根据反正切函数的周期性，判断此时相位与前一个相位的差值，若相位差值超过 π，则加上或者减去 2π 的整数倍使相邻相位没有突变。

根据上述原理对相位提取后的矩阵需沿相位维度进行解缠绕操作，得到距离-相位矩阵 $M_p[m,n]$，沿相位维度作第二次 FFT 得到相位频率矩阵 $M'_p[m,n]$，其中 $n = 0,1,\cdots,N-1$，N 为 FFT 点数，即相位频率点数。

对目标的相位信息进行处理后，为了保留回波信号幅度中的目标信息，继续对回波信号的幅度信息进行处理。幅度处理过程示意图如图 6.4 所示，首先对距离-慢时间矩阵 $M[m,n]$ 取模值获取幅度矩阵 $M_a[m,n]$，然后沿慢时间维度（图中深色部分所示）作 N 点 FFT 得到幅度频率矩阵 $M'_a[m,n]$，其中 $n = 0,1,\cdots,N-1$。这里 N 为幅度频率点数。

在这里，脉冲周期为微秒级，由呼吸引起的胸腔壁在经过一个帧周期后与雷达的距离发生变化，导致每帧的回波信号幅度存在差异，为了将距离维信息加入到杂波抑制依据中，需要消除帧间脉冲幅度变化的影响，具体处理过程如图 6.4 所示。对上述得到的幅度矩阵 $M_a[m,n]$ 沿慢时间维度（图中深色部分所示）取均值，得到幅度数据 $A_m[m]$，其中 $m = 0,1,\cdots,M-1$，在这里 M 仍为距离门数目，将其按列重复 N 次，得到无脉冲影响幅度矩阵 $M''_a[m,n]$。

通过以上信号处理操作，得到了三个特征矩阵：相位频率矩阵 $M'_p[m,n]$、幅度频率矩阵 $M'_a[m,n]$ 和无脉冲影响幅度矩阵 $M''_a[m,n]$。三个特征矩阵分别代表雷达回波信号的相位历程信息、幅度历程信息及目标距离信息，第一维度都为距离维，点数为 M。为保证三个特征矩阵的维度相同以进行后续处理，在上述操作中，符号 N 分别代表不同的意义，第二维度点数 N 分别代表相位频率 FFT 点数、幅度频率 FFT 点数及幅度重复次数。

对上述三个特征矩阵进行取模点乘操作，构建干扰抑制图，即 $M \times N$ 维实矩阵 $M_{sta}[m,n]$，其中距离维 $m = 0,1,\cdots,M-1$，历程维 $n = 0,1,\cdots,N-1$。

对上述操作进行离线实测数据验证，雷达配置参数如下：起始频率为

60GHz，带宽为 4GHz，ADC 采样率为 20Msps，调频周期和帧周期分别为 25.6μs 和 200ms。雷达安装在车顶天窗靠后处，活体项用仿真娃娃模拟，对存在活体和不存在活体两个场景进行测试，场景一中同时存在活体和干扰，活体放置在脚垫上，距雷达约 1m，干扰项为放置在座椅上距雷达约 0.7m 的振动手机；场景二中仅有振动手机，与雷达的距离也为 0.7m，实验场景如图 6.5 所示。

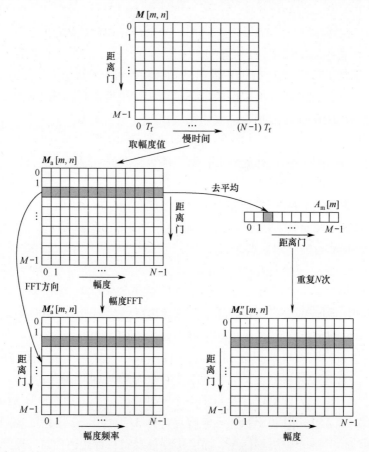

图 6.4　幅度处理过程示意图

在实验中，设置距离维 FFT 点数为 512，距离项分辨率 $R_s = 0.0375m$，设置探测距离最远为 1.5m，距离门总数 $M = 40$，积累帧数为 128，分别对活体项和干扰项的中频信号做距离 FFT 操作获得距离项矩阵，如图 6.6（a）、（b）所示。依据上述相位和幅度处理进行干扰抑制图构建，其中相位 FFT、幅度 FFT 及脉冲重复次数均取 128，由于相位及和幅度均为实信号，且实信号频谱关于零频对称，因此只分析半边频谱，即取 $N = 64$，得到 40×64 维的干扰抑制图，如图 6.6（c）、（d）所示。干扰抑制图纵轴是距离维，横轴是历程维，实质上可以理解为频率维（相位和幅度的频率）。

(a) 同时存在活体与干扰项

(b) 仅存在干扰项

图 6.5　实验场景

从图 6.6（a）可以看到，雷达距离门分别为 20～25、28、35 的待振动手机、活体及金属车架回波信号，从其距离项数据可以看出，此时活体信号的信杂比极低，信号强度甚至弱于杂波信号。图 6.6（b）中，位于 20 距离门的振动手机杂波信号强于其他环境杂波，若在距离项进行 CFAR 检测，显然结果必然为杂波信号被检测出来，活体信号被淹没。通过上述干扰抑制图构建算法得到图 6.6（c）、（d）。从图 6.6（c）可以看出，28 距离门处的活体信号十分突出，其余静态和动态杂波信号均成为杂波背景，通过计算得到的活体信号的信杂比提高了 10dB。图 6.6（d）可知，距离门为 20 附近的振动手机杂波信号已被淹没，得到杂乱的杂波背景，验证了基于相位历程杂波抑制方法的有效性。

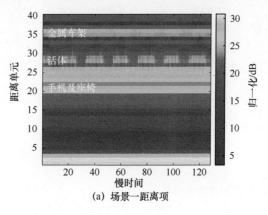

(a) 场景一距离项

图 6.6　数据处理结果

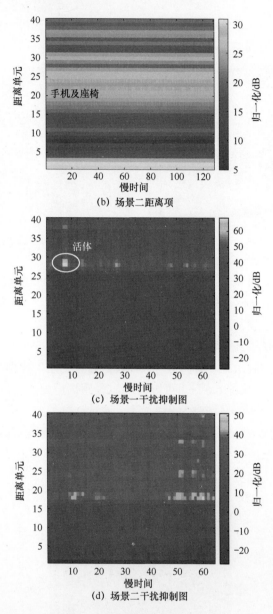

图 6.6　数据处理结果图（续）

6.2.2　静止活体目标检测

干扰抑制图使车内活体信号的信杂比有了极大的提升，后排活体检测的最终目的是得到后排活体是否存在的结果，在得到干扰抑制图后，需对其进行目标检测，通常采用简单的阈值检测，车内杂波信号强度会随着车内环境的改变而变化，阈值检测变得不够可靠，自适应阈值检测十分契合检测需求。我们采用 CFAR 检测。由于干扰抑制图是二维数据，且由图 6.6（c）可知是均匀杂波背景，因此采用二维 CA-CFAR 检测。为了更好地适应干扰抑制图检测，提出一种改进的十字形边界平移 CA-CFAR 检测方法。

　　首先假设待检测目标所占距离门最多不超过两个，且相邻距离门上的其他频率并不属于其杂波背景，于是将原 CFAR 检测中的矩形检测窗口改进为十字形滑动窗，如图 6.7 所示。

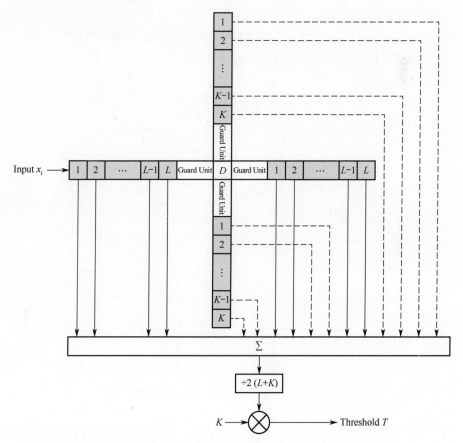

图 6.7　十字形 CA-CFAR 参考滑动窗

　　十字形滑动窗的参考单元数目为 $2(L+K)$，L 和 K 分别为两个维度的参考单元数目，如图 6.7 所示深色部分，在检测单元 D 周围设置四组保护单元，保护单元不参与平均功率的计算，则检测单元周围的平均干扰功率为

$$\hat{u} = \frac{1}{2(L+K)}\left(\sum_{l=1}^{2L} X_{l,D_y} + \sum_{k=1}^{2K} X_{D_x,k}\right) \tag{6.4}$$

式中，X 为参考单元采样值；D_x 和 D_y 分别为检测单元在两个维度上的坐标。可得十字形滑动窗阈值 $T = K\hat{u}$，阈值因子 K 由恒虚警率 P_{fa} 得到，即

$$K = 2(L+K)(P_{\mathrm{fa}}^{-1/2(L+K)} - 1) \tag{6.5}$$

由于参考单元和保护单元的存在，滑动窗在遍历目标矩阵时会有长度为 $W_1 + W_2$ 的边缘检测盲区，W_1 和 W_2 分别为参考单元和保护单元的长度，车内检测在距离维上可能出现位于距离门边缘的待检测目标，且活体目标呼吸频率较低时在历程维处于边缘位置，需要具备边缘检测能力，为此我们提出了基于边界平移拓展的检测盲区消除方法，如图 6.8 所示。

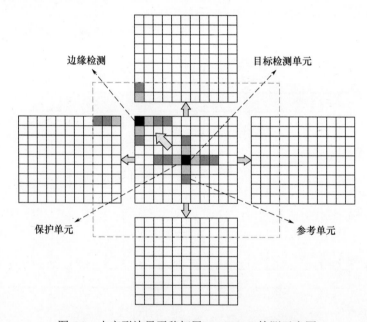

图 6.8　十字形边界平移拓展 CA-CFAR 检测示意图

检测过程为：首先将检测矩阵复制后，沿上下左右四个方向平移至与原矩阵首尾相接，得到的拓展矩阵如图 6.8 所示虚线框内，大小为 $(M + 2(W_1 + W_2)) \times (N + 2(W_1 + W_2))$；接着利用十字形滑动窗沿原矩阵遍历 $M \times N$ 次，得到大小为 $M \times N$ 对的阈值矩阵；最后将原检测矩阵与阈值矩阵进行比较判决，得到检测结果矩阵，大小也为 $M \times N$。

　　根据上述检测原理对 6.2.1 节得到的干扰抑制图进行 CFAR 检测，参数设置为：虚警率 $P_{fa} = 5 \times 10^{-3}$，距离维参考单元数和保护单元数分别为 3 和 2，历程维参考单元数和保护单元数均为 10，得到如图 6.9 所示的检测结果。

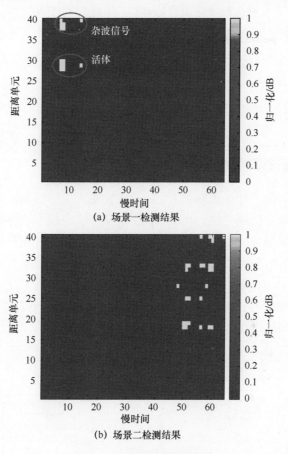

图 6.9　静止活体检测结果

　　由图 6.9（a）可知，检测到了距离门为 28 和 37 附近的两个目标。由图 6.9（b）可知检测到了 18～40 距离门之间的多个杂波目标，至此完成了目标检测的第一步，已经将座椅、振动手机等杂波信号滤除，剩余的信号在幅度和频率上有较大区别，可以作为数据后处理的依据。具体步骤如下：

　　❶ 遍历干扰抑制图所有检测点进行峰值搜索，获取峰值 A_{max} 并寻找谱图中大于峰值一半的点集 $T = \{(m,n) \mid A(m,n) > A_{max} / 2\}$，其中 m 和 n 分别为目标距离维和历程维坐标；

❷ 对目标集合 T 进行距离和频率换算，换算公式分别为 $r = mR_s$ 和 $f = nF_a / N$，其中，R_s 为距离项分辨率，$F_a = 1/T_f$ 为帧采样频率，换算为集合 $T' = \{(r, f)\}$；

❸ 在 T' 中寻找呼吸频率范围内的目标，得到 T' 的子集 $T_{sta} = \{(r, f)\}$，若 T_{sta} 不为空，则有静止活体存在，且与雷达的距离为 r；反之，无静止活体存在。

对图 6.9（a）中的目标进行幅度阈值检测，可以将距离门为 37 附近的杂波信号排除，通过频率检测可将图 6.9（b）中的所有目标排除。实验结果：在场景一中存在距雷达 1.05m 的活体；在场景二中无活体存在。实验结果与实验场景完全吻合。

6.2.3 基于 Z-score 特征的运动活体检测

车内的活体除了静止在座位上，还可能发生大位移的运动，此时对车内目标进行相位提取会出现相位失真现象，无法从相位中提取活体呼吸信息，那么基于相位历程的静止活体检测方法就会没有效果，此时需要对车内运动活体进行另外的检测。由于人体是非刚体，经过分析大量实测数据发现，运动人体与车内杂波信号具有不同的运动特征，于是提出了一种基于 Z-score（standard score，标准分数）特征的运动活体检测方法，流程如图 6.10 所示，包括两部分：特征矩阵构建和运动特征检测。

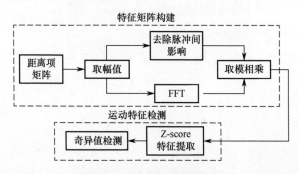

图 6.10　运动活体检测流程

首先构建特征矩阵，此步骤与图 6.4 中操作相同，在得到幅度频率矩阵 $M_a'[m, n]$ 和无脉冲影响幅度矩阵 $M_a''[m, n]$ 后，将两矩阵取模相乘构建 $M \times N$ 维动目标特征矩阵 $M_{mov}[m, n]$，其中第一维 $m = 0, 1, \cdots, M-1$ 仍为距离维，第二维 $n = 0, 1, \cdots, N-1$ 被称为特征维。

接着进行运动特征检测，在 $M_{mov}[m, n]$ 特征矩阵上沿特征维方向对每个距

离门提取 Z-score 特征。首先计算每个距离门上的标准差为

$$\sigma(m) = \sqrt{\left(\sum_{n=0}^{N-1}\left(M_{\text{mov}}(m,n) - \left(\sum_{n=0}^{N-1}M_{\text{mov}}(m,n)\right)\middle/N\right)\right)\middle/N} \qquad (6.6)$$

然后在特征矩阵 $M_{\text{move}}[m,n]$ 上计算每个点的 Z-score，即

$$Z(m,n) = \frac{M_{\text{mov}}(m,n) - \left(\sum_{n}^{N-1}M_{\text{mov}}(m,n)\right)\middle/N}{\sigma(m)}, m = 0,1,\cdots,M-1, n = 0,1,\cdots,N-1 \quad (6.7)$$

对 $Z(m,n)$ 的模值沿特征维方向取平均，得到每个距离门的 Z-score 特征值为

$$Z_{\text{score}}(m) = \frac{\sum_{n=0}^{N-1}|Z(m,n)|}{N}, m = 0,1,\cdots,M-1 \qquad (6.8)$$

随后通过简单的奇异值检测便可完成运动活体检测。设置运动阈值 Threshold，寻找运动活体集合 $T_{\text{mov}} = \{m \mid Z_{\text{score}}(m) < \text{Threshold}\}$，若 T_{mov} 不为空集，则车内存在运动活体；反之，无。

下面对实测数据进行算法可行性分析。设置实验场景和雷达参数与 6.2.1 节中相同，场景一为成人在后排晃动，场景二为晃动摆件，得到的检测结果如图 6.11 所示。可以看出，活体与动目标杂波信号的特征矩阵有明显的区别，基于这个区别得到的 Z-score 特征值，使用简单的阈值判断即可以区分活体与动目标杂波，获得动目标检测结果，综合静止目标检测结果和动目标检测结果即可得到车内活体检测结果。

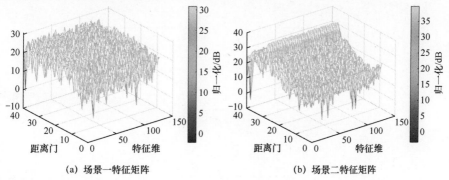

(a) 场景一特征矩阵　　　　　　　(b) 场景二特征矩阵

图 6.11　运动活体检测结果

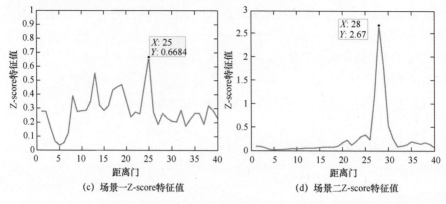

(c) 场景一Z-score特征值   (d) 场景二Z-score特征值

图 6.11　运动活体检测结果（续）

6.3　系统实现与测试

6.3.1　系统流程设计

基于 6.2 节提出的静止活体与运动活体检测方法完成系统全流程实现，如图 6.12 所示。

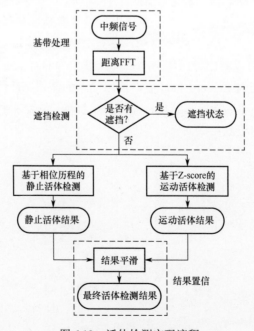

图 6.12　活体检测实现流程

当雷达接收机输出数字中频信号后，基于硬件 FFT 加速平台进行快时间 FFT，得到每帧的距离 FFT 数据进行后续处理。后续可分为三个模块，分别为遮挡检测、活体检测及结果置信，最终在雷达无遮挡的状态下输出车内后排活体检测结果。

6.3.2　遮挡检测

这里，车内活体检测硬件采用的雷达工作频段为60GHz，对应波长为5mm。根据电磁波理论，波长越短，电磁波穿透性越差，当雷达前方存在遮挡时，由于发射信号难以穿透遮挡物，导致人体微弱的呼吸或者心跳信号无法对雷达回波信号产生调制，因此需要在雷达被遮挡时及时报告遮挡状态，避免活体检测出现虚警或者漏报的问题。由于生命体征雷达往往安装在车辆内饰或者中控设备内，致使发射信号本身存在较大衰减，且雷达天线存在信号泄漏问题，回波信号近距离存在虚假目标。这些因素给生命体征雷达的遮挡检测带来了十分复杂的问题。针对这一问题提出了车内活体遮挡检测流程，如图 6.13 所示。

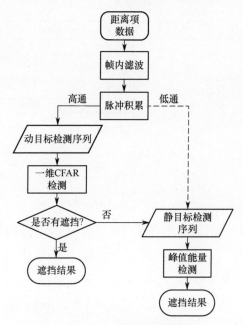

图 6.13　遮挡检测流程

对雷达硬件加速平台输出的距离 FFT 脉冲数据进行堆叠，得到距离–脉冲矩阵 $C[m,k]$，其中 $m = 0,1,\cdots,M-1$，$k = 0,1,\cdots,K-1$，M 和 K 分别为距离门数和每帧的 Chirp 数。对 $C[m,k]$ 沿慢时间维进行零相高通和低通滤波，滤波器采用二阶巴特沃斯 FIR 滤波器，截止频率根据脉冲重复频率确定，滤波后，获得高通和低通两个矩阵 $C_{\mathrm{H}}[m,k]$ 和 $C_{\mathrm{L}}[m,k]$，接着进行脉冲非相干积累，得到两个检测序列 $A_{\mathrm{H}}[m]$ 和 $A_{\mathrm{L}}[m]$，后续对两个序列进行处理。

一是对动目标检测序列 $A_{\mathrm{H}}[m]$ 进行一维 CA-CFAR 检测，在检测到的点集中寻找遮挡距离范围内的目标集合 $T_{\mathrm{shel}}=\{m\,|\,m$ 为CFAR检测点，且 $m<R_{\mathrm{shel}}\}$，其中 R_{shel} 为遮挡距离，根据检测需求即车舱高度确定，判断 T_{shel} 是否为空集，若是，则直接输出遮挡检测结果；否则，继续执行后续 $A_{\mathrm{L}}[m]$ 检测流程。

二是对 $A_{\mathrm{L}}[m]$ 进行峰值功率检测，功率检测示意图如图 6.14 所示。首先取所有距离门集合 $B_0=\{0,1,\cdots,M-1\}$，检测 $A_{\mathrm{L}}[m]$ 中的所有峰值得到检测距离门集合 B 和峰值集合 A，即

$$\begin{cases} B=\{m\,|\,m\text{为峰值检测距离门},m\in B_0\} \\ A=\{a[m]\,|\,m\text{为峰值检测距离门},m\in B,a[m]=|A_{\mathrm{L}}[m]|\} \end{cases} \quad (6.9)$$

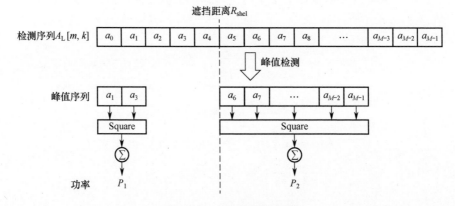

图 6.14　功率检测示意图

根据与遮挡距离 R_{shel} 的关系得到在遮挡检测范围内，峰值点集 A_1 和遮挡范围外峰值点集 A_2，即

$$\begin{cases} A_1=\{a_1[m]\,|\,m\leqslant R_{\mathrm{shel}},m\in B,a_1[m]\in A\} \\ A_2=\{a_2[m]\,|\,m>R_{\mathrm{shel}},m\in B,a_2[m]\in A\} \end{cases} \quad (6.10)$$

计算遮挡范围内峰值功率 $P_1=\sum A_1^2$ 和遮挡范围外峰值功率 $P_2=\sum A_2^2$，根据 P_1 和 P_2 的大小输出遮挡检测结果：若 $P_1\geqslant P_2$，则雷达被遮挡；若 $P_1<P_2$，则雷达无遮挡。

6.3.3　检测结果置信

车内电磁环境较为复杂，除活体外，还存在杂波及其他干扰，并且活体不可能保持绝对静止，活体的一些微小位移及其他不影响多普勒运动特征的提取却影响呼吸特征提取的干扰可能会导致活体检测结果在一小段时间内产生错误，由于车内活体状态仅随车门状态改变，在车门状态不变时，车内活体状态始终不变，因此活体检测结果也不应该发生变化，即前面所述，由干扰产生的微小漏报和误报可以通过合适的算法消除。本节对此进行了详细研究，核心思想是采用"逐渐相信"策略输出活体检测结果，每帧输出检测标志位，检测标志位有活体存在和不存在两个状态，以一定数量的检测标志为单位进行缓存区堆叠，结果平滑采用检测标志缓存区置信计算的方法，即设置置信度阈值，在每一次检测标志堆叠后，进行缓存区置信度计算，计算所得置信度通过与置信度阈值相比较，确定活体检测输出结果，并根据车门状态改变完成不同流程的调度。

首先设置结果平滑缓存区用于存放每帧的活体检测标志，设置缓存区堆叠次数 M、第 M 次堆叠后缓存区置信度 CL_M 和置信度阈值 $\mathrm{CL}_{\mathrm{threshold}}$，将参数均置为 0，即 $M=0$，$\mathrm{CL}_M=0$，并且清空结果平滑缓存区。活体检测流程每帧会得到一个 bool（布尔值）类型的输出检测标志，即

$$\begin{cases} \text{True}/1, & \text{存在活体} \\ \text{False}/0, & \text{不存在活体} \end{cases} \tag{6.11}$$

将检测标志以 N 帧为单位进行堆叠，并存放在缓存区，每堆叠 N 帧，堆叠次数 $M=M+1$，经过 M 次堆叠后，结果平滑缓存区共有 $M\times N$ 个检测标志，定义第 M 次堆叠后缓存区置信度为

$$\mathrm{CL}_M = \frac{\mathrm{MAX}(K_{\mathrm{true}}, K_{\mathrm{false}})}{M\times N} \times 100\% \tag{6.12}$$

式中，K_{true} 和 K_{false} 分别为缓存区中值为 True 和 Fasle 的标志数量。将 CL_M 和阈值 $\mathrm{CL}_{\mathrm{threshold}}$ 进行判决，根据判决结果决定平滑流程后续步骤。若 $\mathrm{CL}_M > \mathrm{CL}_{\mathrm{threshold}}$，则车内活体状态已确定，后续输出结果始终为置信结果，置信结果为结果平滑缓存区中占比较大的检测标志，即

$$\begin{cases} \text{True}, K_{\mathrm{true}} \geqslant K_{\mathrm{false}} \\ \text{False}, K_{\mathrm{true}} < K_{\mathrm{false}} \end{cases} \tag{6.13}$$

若 $CL_M \leqslant CL_{threshold}$，则认为车内活体状态仍未确定，重复上述检测标志堆叠及置信度计算，直至 $CL_M > CL_{threshold}$（实测数据中，M 不会超过 8），过程中输出结果为每帧的未置信结果。

车内活体检测的一个前提条件为车内活体状态仅随着车门开闭而改变，因此在结果平滑过程中持续监测车门状态，若车门状态发生改变，则前面得到的堆叠次数、置信度、缓存区均清空，继续进行检测标志堆叠及置信度计算。车门状态标志检测根据时间线可以分为以下两种：

- 车门状态标志检测发生在 $CL_M \leqslant CL_{threshold}$ 时，即进行检测标志堆叠计算置信度过程中，若检测到车门状态改变，则将堆叠次数 M 置为 0，并清空缓存区，继续进行检测标志堆叠及置信度计算；否则，直接进行检测标志堆叠及置信度计算步骤直至 $CL_M > CL_{threshold}$。

- 车门状态标志检测发生在 $CL_M > CL_{threshold}$ 时，即车内活体状态已确定后，若检测到车门状态改变，则将堆叠次数 M 置为 0，并清空缓存区，继续进行检测标志堆叠及置信度计算，直至 $CL_M > CL_{threshold}$；否则，继续输出置信后结果。

6.3.4　工程实现与测试

雷达系统硬件平台包括离线数据验证平台和车载集成平台，如图 6.15 所示。

(a) 离线数据验证平台　　　　　(b) 车载集成平台

图 6.15　车内后排活体检测雷达硬件平台

离线数据验证平台由 TI 公司生产的 IWR6843ISK 雷达评估板和 DCA1000EVM 数据采集卡两部分组成，如图 6.15（a）所示。其中，IWR6843ISK 雷达评估板是工作频率范围为 60～64GHz 的基于 FMCW 雷达技术的集成式单芯片毫米波传感器，可以发射最高 4GHz 带宽的 FMCW 脉冲，具有内置锁相环（PLL）和模数转换器（ADC），具有 3 发 4 收天线，集成了一个用于雷达信号处理的高性能 C674x DSP 和一个用于前端配置、控制及校准的 R4F RAM

处理器；DCA1000EVM 数据采集卡可以配合 IWR6843ISK 通过 1Gbit/s 以太网进行实时数据传输，高效录制离线数据进行车内活体检测算法验证。车载集成平台采用自制 WRS311G 雷达。该雷达平台集成了上海加特兰生产的一款车规级内置 CMOS 毫米波雷达芯片。该芯片集成了工作频率为 60～64GHz 的 FMCW 雷达收发器，具有 3 发 4 收天线，可测俯仰角，并集成了雷达基带处理单元（RBPU），可用于如 FFT 等算法的硬件加速，体积极小，便于车载集成，数据可通过 CAN 总线或 UART 实时输出，最高支持 3Mbit/s 的传输速率。

　　由于车内测距范围较小，雷达无需具备角度分辨能力，因此为了增强接收信号信噪比使三个发射天线同时发射 Chirp 信号，选择接收功率最大的一个接收天线用于接收回波，即采用 SISO 体制，且车载平台对实时性要求较高，为了减少实时处理数据量，选择单通道接收机结构。车内活体检测雷达波形参数如表 6.1 所示。

表 6.1　车内活体检测雷达波形参数

参　　数	参　数　值	参　　数	参　数　值
载波频率 f_c	60GHz	ADC 采样率 f_s	20Msps
调频斜率 S	156.25MHz/μs	采样点数 M	512
工作带宽 B	4GHz	脉冲数 N	64
脉冲周期 T_c	25.6μs	帧周期 T_f	200ms

　　根据表 6.1 可以得到车内活体检测雷达的系统性能参数如下：最大探测距离为 19.2m，实际车内所需探测距离不超过 1.5m，距离 FFT 点数为 512，只选用前 40 个距离单元；测角范围取决于天线波束宽度，经实际数据测试，波束照射范围为 ±75°，可以探测车内后排所有位置；距离分辨率 R_s 为 3.75cm，达到雷达最大距离分辨能力。

　　在实车系统测试中，雷达安装在车内后排顶部，如图 6.16（a）所示，在测试过程中，测试人员有三名成人和一名儿童，为保证实验道德规范，使用图 6.16（b）所示的专用仿真装置模拟儿童活体，其胸腔 RCS 与 3 周岁儿童接近，并以 15bpm 的频率振动以模拟真实呼吸。为统计测试结果，基于 Qt 平台开发了上位机数据统计界面，如图 6.16（c）所示，上位机数据通过 UART 接收，可实时显示活体检测结果，并在测试结束时统计性能指标。

　　测试过程中使用三辆车进行测试，包括小型轿车东风风神、雪铁龙 C5 和大型 SUV 华为赛力斯 M5，部分典型测试场景如图 6.17 所示。

为了测试车内后排活体检测生物雷达性能，在测试中，采用漏报率 TrueFNR 和误报率 TrueFAR 两个指标进行评估，计算公式为

$$\begin{cases} \text{TrueFNR} = \dfrac{N_{\text{fn}}}{N} \times 100\% \\ \text{TrueFAR} = \dfrac{N_{\text{fa}}}{N} \times 100\% \end{cases} \tag{6.14}$$

式中，N 为活体检测结果输出总数；N_{fn} 和 N_{fa} 分别为活体存在和不存在时的漏报结果数和误报结果数。测试时长设置为 90s，结果刷新周期与帧周期保持一致，即每帧输出一个活体检测结果，由计算得到活体检测结果输出总数 $N = 450$。

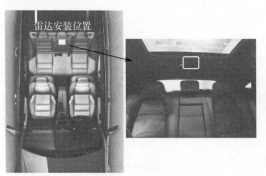

(a) 雷达安装位置   (b) 仿真儿童

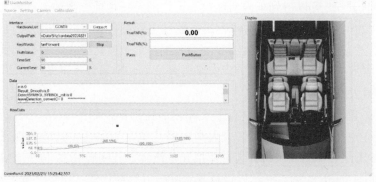

(c) 上位机平台界面

图 6.16　车内活体检测测试准备

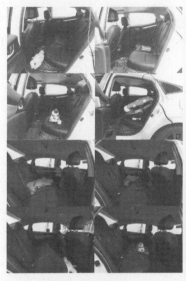 

(a) 轿车测试场景　　　　　　　　(b) SUV测试场景

图 6.17　车内活体检测部分典型测试场景

考虑车内后排活体检测的主要用途为检测车内活体遗留，关乎车载人员安全，漏报率是活体检测过程中最重要的性能指标，系统漏报是不可能被接受的，系统误报关乎用户体验，应严格控制。根据欧盟出台的车载 OMS 系统规范准则，理想中车内活体检测生物雷达的漏报率应为 0%，误报率小于 0.1%。

车内活体检测实验用例及结果如表 6.2 所示。

表 6.2　车内活体检测实验用例及结果

场 景 类 型	测 试 项	位　　置	TrueFNR/%	TrueFAR/%
有活体	成人静止	左中右座椅	0	
	成人晃动	左中右座椅	0	
	成人随机动作	左中右座椅	0	
	儿童静止、盖被子、打伞、穿厚衣服	左中右座椅	0	
		左中右脚垫	0	
		左中右安全座椅	0	
无活体	静止风扇	左中右座椅		0
		左右车窗		0.67
		左右前排座椅		0
	摆头风扇	左中右座椅		0
	摆件	座椅、车窗		0
	半瓶水	座椅、脚垫		0

续表

场景类型	测 试 项	位 置	TrueFNR/%	TrueFAR/%
无活体	振动手机	座椅、脚垫		0
	摇动车辆			0
	车载空调开启			0
	风扇静止			0
	重型卡车经过			0
	晃动挂饰			2.89

　　上述测试用例共计 86 项，包括 34 项有活体存在、48 项无活体存在及 4 项活体与干扰项同时存在，并用三辆车重复测试，得到表 6.3 所示的测试结果统计。

表 6.3　车内活体检测实验结果统计

测 试 用 例	平均漏报率/%	平均误报率/%
活体项	0	
干扰项		0.00616
活体项与干扰项同时存在	0	

6.4　小结

　　本章主要研究了车内后排活体检测生物雷达技术的信号处理算法、系统流程设计与工程实现：首先提出了基于相位历程的杂波抑制及车内静止活体检测方法和基于 Z-score 特征的运动活体检测方法，在这两个信号处理算法的基础上，完成了系统信号处理流程设计，为了提高车载雷达的稳定性；提出了一种用于雷达遮挡检测的信号处理方法，并研究了活体检测输出结果的置信方法用于降低检测漏报率和误报率；接着介绍了用于离线数据测试验证和实时雷达系统实现的硬件平台，并介绍了系统工作参数；最后完成了实车场景测试，详细分析了测试场景及测试条件，并对实车测试数据进行了统计对比。